KB199638

수학리더
응용·심화

Chunjae
Makes
Chunjae

▼

기획총괄	박금옥
편집개발	윤경옥, 박초아, 조은영, 김연정, 김수정,
	임희정, 한인숙, 이혜지, 최민주
디자인총괄	김희정
표지디자인	윤순미, 박민정
내지디자인	박희춘
제작	황성진, 조규영

발행일	2024년 4월 1일 3판 2024년 4월 1일 1쇄
발행인	(주)천재교육
주소	서울시 금천구 가산로9길 54
신고번호	제2001-000018호
고객센터	1577-0902
교재 구입 문의	1522-5566

수학 리더 응용·심화 1-2

BOOK 1

심화북 차례

이 책의 구성과 특징

심화북

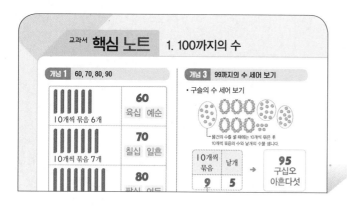

교과서 핵심 노트

단원별 교과서 핵심 개념을 한눈에 익힐 수 있습니다.

기본 유형 연습 ①단계

주제별 교과서·익힘책 수준의 문제를 통해 배운 개념을 확실하게 익혀 봅니다.

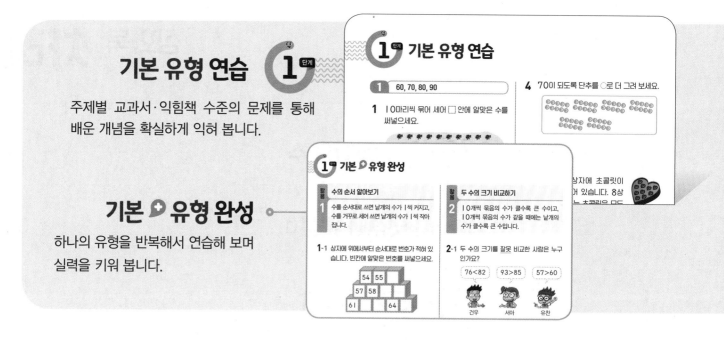

기본 ➕ 유형 완성

하나의 유형을 반복해서 연습해 보며 실력을 키워 봅니다.

②단계 실력 유형 연습

학교 시험에 자주 출제되는 다양한 실력 문제를 풀어 봅니다.

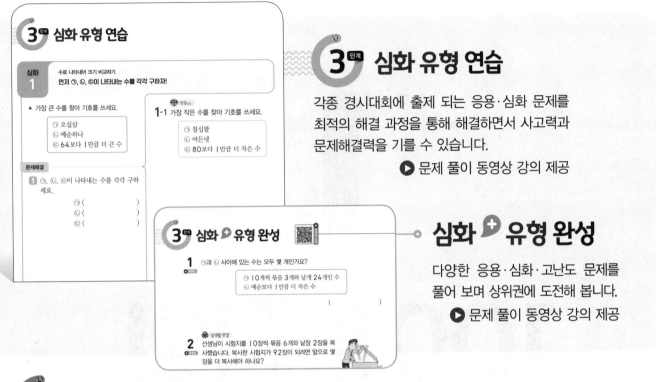

3단계 심화 유형 연습

각종 경시대회에 출제 되는 응용·심화 문제를 최적의 해결 과정을 통해 해결하면서 사고력과 문제해결력을 기를 수 있습니다.

▶ 문제 풀이 동영상 강의 제공

심화⊕ 유형 완성

다양한 응용·심화·고난도 문제를 풀어 보며 상위권에 도전해 봅니다.

▶ 문제 풀이 동영상 강의 제공

Test 단원 실력 평가 각종 경시대회에 출제되었던 기출 유형을 풀어 보면서 실력을 평가해 봅니다.

Book 2

경시 대비북

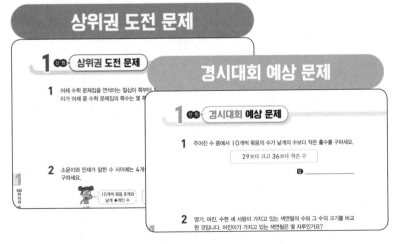

단원별 다양한 응용·심화·경시대회 기출 문제를 풀어 봅니다.

교내·외 경시대회를 대비하여 전단원 문제를 풀면서 실력을 평가해 봅니다.

1

100까지의 수

큐알 코드를 찍으면 개념 학습 영상과 문제 풀이 영상도 보고, 수학 게임도 할 수 있어요.

이전에 배운 내용 _____ 1-1

❖ 50까지의 수
• 10 / 십몇 / 몇십
• 50까지의 수
• 수의 순서
• 수의 크기 비교

이번에 배울 내용 _____ 1-2

❖ 100까지의 수
• 60, 70, 80, 90
• 99까지의 수
• 수의 순서 / 수의 크기 비교
• 짝수와 홀수

이후에 배울 내용 _____ 2-1

❖ 세 자리 수
• 백 / 몇백 / 세 자리 수
• 각 자리의 숫자가 나타내는 수
• 뛰어 세기
• 수의 크기 비교

개념 1 60, 70, 80, 90

10개씩 묶음 6개	**60** 육십 예순
10개씩 묶음 7개	**70** 칠십 일흔
10개씩 묶음 8개	**80** 팔십 여든
10개씩 묶음 9개	**90** 구십 아흔

개념 2 99까지의 수 알아보기

1. 73 알아보기

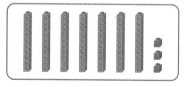

> 10개씩 묶음 7개와 낱개 3개는 73이야.

73
칠십삼 일흔셋

2. 수를 넣어 이야기하기

62번   62살

버스 번호는 **육십이** 번이고, 할머니 나이는 **예순두** 살입니다.

개념 3 99까지의 수 세어 보기

• 구슬의 수 세어 보기

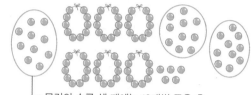

└ 물건의 수를 셀 때에는 10개씩 묶은 후 10개씩 묶음의 수와 낱개의 수를 셉니다.

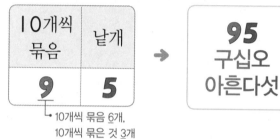

10개씩 묶음	낱개	→	**95** 구십오 아흔다섯
9	5		

└ 10개씩 묶음 6개, 10개씩 묶은 것 3개

개념 4 수의 순서

1. 1만큼 더 큰 수와 1만큼 더 작은 수

1만큼 더 작은 수   1만큼 더 큰 수

85	← 86 →	87

바로 앞의 수   바로 뒤의 수

2. 수의 순서

1씩 커집니다. →

51	52	53	54	55	56	57	58	59	60
61	62	63	64	65	66	67	68	69	70
71	72	73	74	75	76	77	78	79	80
81	82	83	84	85	86	87	88	89	90
91	92	93	94	95	96	97	98	99	100

10씩 커집니다. ↓

(1) 74 바로 뒤에 오는 수이면서 76 바로 앞에 있는 수는 **75**입니다.

(2) 82와 84 사이에 있는 수는 **83**입니다.

(3) 99보다 1만큼 더 큰 수를 **100**이라 하고, **백**이라고 읽습니다.

개념 5 수의 크기 비교

1. 두 수의 크기 비교하기

10개씩 묶음의 수를 먼저 비교하고, 그 수가 같으면 낱개의 수를 비교합니다.

(1) 연결 모형으로 나타낸 두 수의 크기 비교

① 10개씩 묶음의 수가 다를 때 →10개씩 묶음의 수를 비교

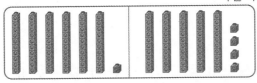

 61은 10개씩 묶음이 6개이고, 54는 10개씩 묶음이 5개이므로 61이 54보다 커.

· "61은 54보다 큽니다."는 **61>54**로 나타냅니다.
· "54는 61보다 작습니다."는 **54<61**로 나타냅니다.

② 10개씩 묶음의 수가 같을 때 →낱개의 수를 비교

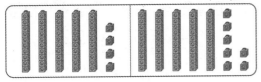

 54는 낱개가 4개이고, 57은 낱개가 7개이므로 54가 57보다 작아.

54 (<) 57

(2) 수 배열에서 두 수의 크기 비교

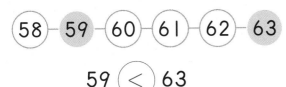

59 (<) 63

 수 배열에서 오른쪽에 있는 수가 더 커.

---

2. 세 수의 크기 비교하기

① 10개씩 묶음의 수가 다를 때

| 67 | 75 | 81 |

➜ 10개씩 묶음의 수가 가장 큰 81이 가장 크고, 10개씩 묶음의 수가 가장 작은 67이 가장 작습니다.

 10개씩 묶음의 수를 비교하면 8>7>6이므로 81이 가장 커.

② 10개씩 묶음의 수가 같을 때

| 56 | 52 | 58 |

➜ 낱개의 수가 가장 큰 58이 가장 크고, 낱개의 수가 가장 작은 52가 가장 작습니다.

 10개씩 묶음의 수가 같으므로 낱개의 수를 비교해. 8>6>2이므로 58이 가장 커.

개념 6 짝수와 홀수

1. 짝수 알아보기

2, 4, 6, 8, 10, 12와 같이 둘씩 짝을 지을 수 있는 수를 **짝수**라고 합니다.

예 6 ●●● / ●●● ➜ 짝수

2. 홀수 알아보기

1, 3, 5, 7, 9, 11과 같이 둘씩 짝을 지을 수 없는 수를 **홀수**라고 합니다.

예 7 ●●●● / ●●● ➜ 홀수

1^{단계} 기본 유형 연습

1 | 60, 70, 80, 90

1 10마리씩 묶어 세어 □ 안에 알맞은 수를 써넣으세요.

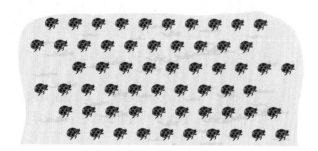

10마리씩 묶음 □ 개 ➡ □ 마리

2 나머지와 <u>다른</u> 하나를 찾아 기호를 쓰세요.

㉠ 육십	㉡ 마흔
㉢ 60	㉣ 예순

( )

3 같은 수끼리 알맞게 이어 보세요.

팔십	구십	칠십
•	•	•

70	80	90
•	•	•

| 일흔 | 아흔 | 여든 |

4 70이 되도록 단추를 ○로 더 그려 보세요.

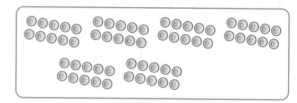

5 하트 모양 상자에 초콜릿이 10개씩 들어 있습니다. 8상자에 들어 있는 초콜릿은 모두 몇 개인가요?

꼭 단위까지 따라 쓰세요.

(개)

6 생선 가게에서 조기를 10마리씩 9줄로 매달아 놓았습니다. 생선 가게에 있는 조기는 모두 몇 마리인가요?

(마리)

🔵 실생활 연결

7 만두가 다음과 같이 있습니다. 해진이가 만두 10개를 먹는다면 남는 만두는 몇 개인가요?

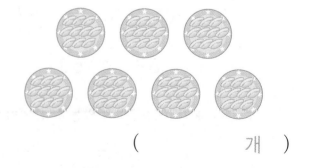

(개)

2 99까지의 수 알아보기

8 '94'를 바르게 읽은 것에 ○표 하세요.

구십넷   아흔넷

(   )   (   )

9 빈칸에 알맞은 수를 써넣으세요.

팔십삼
↓

10개씩 묶음	낱개
	3

10 ☐ 안에 알맞은 수나 말을 써넣으세요.

⊂⊃⊂⊃⊂⊃⊂⊃⊂⊃ ⁚⁚

10개씩 묶음 ☐ 개와 낱개 ☐ 개

이므로 ☐ (이)라고 쓰고,

☐ 또는 ☐ (이)

라고 읽습니다.

11 밑줄 친 수를 바르게 읽어 보세요.

2024년에 대한민국의 *광복절은
79주년을 맞이합니다.

(   ) 주년

＊광복절: 1945년 8월 15일로 우리나라가 일본에
빼앗겼던 나라를 다시 찾은 날

12 그림과 관계있는 것에 모두 ○표 하세요.

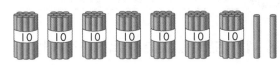

칠십일   72   일흔둘   아흔둘

13 딸기가 10개씩 담긴 접시 6개와 낱개 3개
가 있습니다. 딸기는 모두 몇 개인가요?

꼭 단위까지
따라 쓰세요.

(개   )

14 2장의 수 카드 6 과 8 로 몇십몇을

만들어 바르게 읽은 사람은 누구인가요?

 육십여덟   여든여섯

지호   다은

(   )

15 할아버지께서 찹쌀떡을 51개 사 오셨습니
다. 찹쌀떡을 한 봉지에 10개씩 담으면 몇
봉지까지 담을 수 있고, 몇 개가 남을까요?

(봉지), (개   )

3 99까지의 수 세어 보기

[16~17] 모형을 보고 물음에 답하세요.

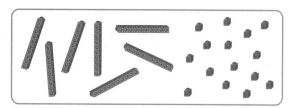

16 낱개 모형(●)을 10개씩 묶어 세어 10개씩 묶음의 수와 낱개의 수로 나타내 보세요.

10개씩 묶음 (   )

낱개 (   )

17 모형은 모두 몇 개인가요?

꼭 단위까지 따라 쓰세요.

(개   )

18 구슬의 수를 세어 빈칸에 알맞은 수를 써넣으세요.

10개씩 묶음	낱개
	6

→ [   ]

19 물고기는 모두 몇 마리인지 세어 보세요.

(마리   )

🙂 의사소통

20 도토리의 수를 바르게 말한 사람은 누구인가요?

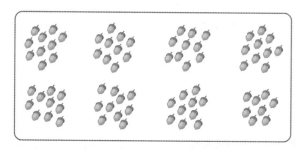

지효: 도토리가 팔십칠 개 있습니다.
선미: 10개씩 묶음 7개와 낱개 8개로 도토리는 모두 78개입니다.
예솔: 도토리가 여든일곱 개 있습니다.

(   )

21 약과를 62개 가지고 있는 사람은 누구인가요?

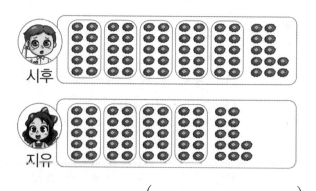

(   )

4 수의 순서

22 빈 곳에 알맞은 수를 써넣으세요.

1만큼 더 작은 수 | 58 | 1만큼 더 큰 수

23 73과 75 사이에 있는 수를 쓰세요.

( )

24 수의 순서대로 빈 곳에 알맞은 수를 써넣으세요.

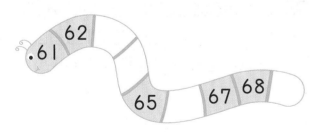

61 62 65 67 68

25 ㉠에 알맞은 수를 구하세요.

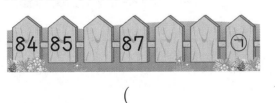

84 85 87 ㉠

( )

26 수를 순서대로 이어 보세요.

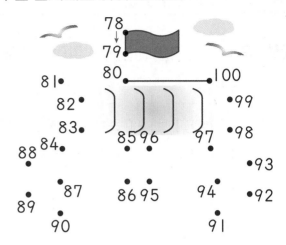

27 민호는 윗몸일으키기 100번을 하려고 합니다. □ 안에 알맞은 수를 써넣으세요.

99번~

힘내! 이제 □번만 더 하면 100번이야.

🔋 추론

28 지도에서 도윤이네 집을 찾아 확대한 그림입니다. 지도에 집이 번호 순서대로 있을 때 ㉠, ㉡, ㉢ 중 도윤이의 집을 찾아 기호를 쓰세요.

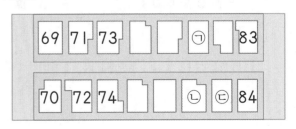

69 71 73 ㉠ 83
70 72 74 ㉡ ㉢ 84

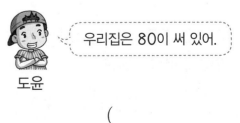

우리집은 80이 써 있어.

도윤

( )

1
100까지의 수

11

5 수의 크기 비교

29 두 수의 크기를 비교하여 알맞은 말에 ○표 하세요.

> 65는 81보다 (큽니다 , 작습니다).
> 81은 65보다 (큽니다 , 작습니다).

30 "72는 76보다 작습니다."를 바르게 나타낸 것의 기호를 쓰세요.

> ㉠ 72 > 76   ㉡ 72 < 76

(   )

31 수를 세어 □ 안에 쓰고, 두 수의 크기를 비교하여 ○ 안에 >, <를 알맞게 써넣으세요.

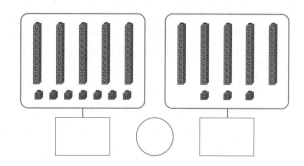

32 두 수의 크기를 비교하여 ○ 안에 >, <를 알맞게 써넣으세요.

83 ◯ 90

33 운동선수가 된다면 번호로 사용하고 싶은 수를 티셔츠에 쓴 것입니다. 더 큰 수를 쓴 사람은 누구인가요?

승현 92   77 지민

(   )

34 왼쪽의 수보다 작은 수에 △표 하세요.

| 63 | 84   58 |

35 딸기 농장에서 딸기를 소진이는 61개, 경인이는 69개, 시온이는 64개 땄습니다. 딸기를 가장 많이 딴 사람은 누구인가요?

(   )

🔧 문제 해결

36 세 수의 크기를 비교하여 가장 큰 수에 ○표, 가장 작은 수에 △표 하세요.

78   70   67

6 짝수와 홀수

37 수를 세어 □ 안에 쓰고, 짝수인지 홀수인
지 ○표 하세요.

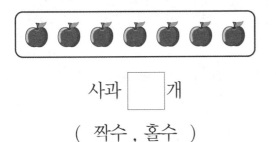

사과 □ 개

(짝수 , 홀수)

38 짝수를 따라가며 선을 그어 보세요.

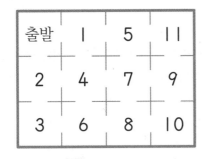

출발	1	5	11
2	4	7	9
3	6	8	10

39 사탕의 수는 짝수인지 홀수인지 쓰세요.

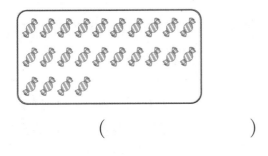

(　　　　)

40 홀수에 모두 색칠해 보세요.

15	2	13	4
16	21	14	9

41 짝수만 말한 사람은 누구인가요?

소윤 12, 18, 23

민재 10, 20, 30

(　　　　)

🔵 정보처리

42 짝수와 홀수를 구분하여 빈 곳에 알맞은 수
를 써넣으세요.

28	17	26	35	19

짝수 　　　　　　 홀수

43 15보다 작은 홀수를 모두 쓰세요.

(　　　　)

1단계 기본 + 유형 완성

활용 1 수의 순서 알아보기

수를 순서대로 쓰면 낱개의 수가 1씩 커지고, 수를 거꾸로 세어 쓰면 낱개의 수가 1씩 작아집니다.

1-1 상자에 위에서부터 순서대로 번호가 적혀 있습니다. 빈칸에 알맞은 번호를 써넣으세요.

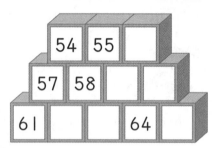

1-2 상자에 위에서부터 거꾸로 번호가 적혀 있습니다. 빈칸에 알맞은 번호를 써넣으세요.

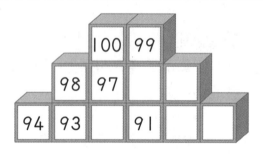

1-3 인성이는 67부터 수를 순서대로 쓰고, 효주는 75부터 수를 거꾸로 세어 썼습니다. ㉠과 ㉡ 중 더 큰 수의 기호를 쓰세요.

인성	67			㉠

효주	75		㉡	

( )

활용 2 두 수의 크기 비교하기

10개씩 묶음의 수가 클수록 큰 수이고, 10개씩 묶음의 수가 같을 때에는 낱개의 수가 클수록 큰 수입니다.

2-1 두 수의 크기를 <u>잘못</u> 비교한 사람은 누구인가요?

76<82   93>85   57>60

건우   서아   유찬

( )

2-2 두 수의 크기를 <u>잘못</u> 비교한 사람은 누구인가요?

63>56   81<80   98>94

현서   은우   지안

( )

2-3 두 수의 크기를 바르게 비교한 것을 찾아 기호를 쓰세요.

㉠ 84<73	㉡ 77>79
㉢ 51<58	㉣ 65>80

( )

활용 3 물건의 수 세어 보기

Ⅰ0개씩 묶음 ■개와 낱개 ▲●개인 수는 Ⅰ0개씩 묶음 (■+▲)개와 낱개 ●개인 수와 같습니다.

3-1 곶감이 Ⅰ0개씩 묶음 7개와 낱개로 Ⅰ6개 있습니다. 곶감은 모두 몇 개인가요?

(   )

3-2 소라가 Ⅰ0개씩 묶음 5개와 낱개로 34개 있습니다. 소라는 모두 몇 개인가요?

(   )

3-3 색종이를 도연이는 59장, 나래는 Ⅰ0장씩 묶음 4개와 낱장으로 2Ⅰ장 가지고 있습니다. 색종이를 더 많이 가지고 있는 사람은 누구인가요?

(   )

활용 4 주어진 범위에서 짝수와 홀수 구하기

■보다 크고 ▲보다 작은 수 중 짝수
➜ ■와 ▲ 사이에 있는 수 중 둘씩 짝을 지을 수 있는 수

참고 ▶ 짝수: 2, 4, 6, 8, 0으로 끝나는 수
홀수: Ⅰ, 3, 5, 7, 9로 끝나는 수

4-1 주어진 수 중에서 짝수는 모두 몇 개인지 구하세요.

| 27보다 크고 32보다 작은 수 |

(   )

4-2 주어진 수 중에서 홀수는 모두 몇 개인지 구하세요.

| Ⅰ6보다 크고 24보다 작은 수 |

(   )

4-3 주어진 수는 짝수와 홀수 중 어느 것이 더 많은가요?

| 33보다 크고 43보다 작은 수 |

(   )

2^{단계} 실력 유형 연습

1 100에 대해 잘못 말한 사람은 누구인가요?

백이라고 읽어.
현서

99보다
1만큼 더 큰 수야.
은우

10개씩 묶음
9개인 수야.
유찬

(   )

2 □ 안에 들어갈 수 없는 것을 찾아 기호를 쓰세요.

□ 은 10개씩 묶음 8개입니다.

㉠ 팔십   ㉡ 80   ㉢ 여든   ㉣ 일흔

(   )

10개씩 묶음 2개 ➡ 20,
10개씩 묶음 3개 ➡ 30,
10개씩 묶음 4개 ➡ 40,
⋮
10개씩 묶음 ■개 ➡ ■0

3 주영이는 가지고 있는 초콜릿을 한 상자에 10개씩 담으려고 합니다. 초콜릿을 모두 담으려면 상자는 몇 개 필요한가요?

(   )

주영이가 가지고 있는 초콜릿은 10개씩 묶음 몇 개인지 세어 봐요.

4 해나는 쿠키를 한 봉지에 10개씩 9봉지에 담았더니 3개가 남았습니다. 쿠키는 모두 몇 개인가요?

(   )

100까지의 수

1

실생활 연결

5 오른쪽 신호등에서 수가 1씩 작아지고 있습니다. 다음에 켜질 수를 구하세요.

(   )

S 솔루션

다음에 켜질 수는 지금의 수보다 1만큼 더 작은 수예요.

6 밤은 모두 몇 개인지 구하세요.

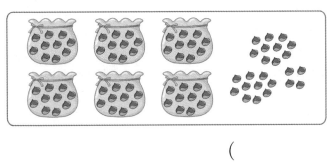

(   )

낱개의 수가 10개가 넘을 때에는 낱개를 10개씩 묶어 세어 봐요.

7 상자를 번호 순서대로 쌓았습니다. ㉠과 ㉡에 알맞은 번호를 각각 구하세요.

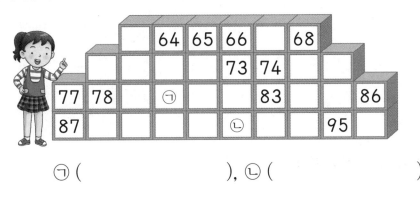

㉠ (   ), ㉡ (   )

8 가장 큰 수에 ○표, 가장 작은 수에 △표 하세요.

| 82 | 64 | 59 | 88 |

10개씩 묶음의 수를 먼저 비교하면 가장 큰 수 또는 가장 작은 수를 찾을 수 있어요.

9 □ 안에 알맞은 수를 쓰고, ○ 안에 >, <를 알맞게 써넣으세요.

 솔루션

79보다 1만큼 더 큰 수		85보다 1만큼 더 작은 수
↓		↓
☐	◯	☐

> 1만큼 더 큰 수는 바로 뒤의 수이고, 1만큼 더 작은 수는 바로 앞의 수예요.

10 토마토는 10개씩 3봉지가 있고, 참외는 10개씩 4봉지가 있습니다. 토마토와 참외는 모두 몇 개인가요?

(   )

> 10개씩 ●봉지와 10개씩 ▲봉지는 모두 10개씩 (●+▲)봉지예요.

11 어떤 수보다 1만큼 더 큰 수는 70입니다. 어떤 수보다 1만큼 더 작은 수는 얼마인가요?

(   )

> | 어떤 수 | 1만큼 더 큰 수 / 1만큼 더 작은 수 | 70 |

 정보처리

12 다음과 같은 약속에 따라 빈칸에 알맞은 수를 써넣으세요.

약속
➡ : 1만큼 더 큰 수
⬅ : 1만큼 더 작은 수
⬆ : 10만큼 더 큰 수
⬇ : 10만큼 더 작은 수

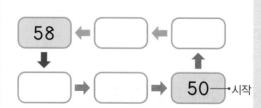

13 짝수가 적힌 공만 모여 있는 바구니를 찾아 ○표 하세요.

(   )   (   )   (   )

⚡ 추론

14 체육시간에 세영이네 반 학생들은 모두 둘씩 짝을 지어 배드민턴을 쳤습니다. 세영이만 짝이 없어 선생님과 함께 배드민턴을 쳤다면 세영이네 반 학생 수는 짝수인가요, 홀수인가요?

(   )

15 1부터 9까지의 수 중에서 ☐ 안에 들어갈 수 있는 수를 모두 쓰세요.

☐9 < 74

(   )

16 작은 수부터 순서대로 수 카드를 놓으려고 합니다. 71 은 어디에 놓아야 하는지 ☐ 안에 알맞은 수를 써넣으세요.

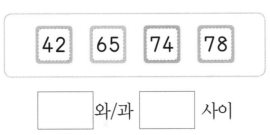

42   65   74   78

☐ 와/과 ☐ 사이

배드민턴은 혼자서는 칠 수 없고 두 명이 짝을 이루어야 칠 수 있어요.

☐ 안에 1부터 순서대로 넣어가며 알맞은 수를 찾아요.

1

100 까지의 수

심화 1

수로 나타내어 크기 비교하기

먼저 ㉠, ㉡, ㉢이 나타내는 수를 각각 구하자!

◆ 가장 큰 수를 찾아 기호를 쓰세요.

> ㉠ 오십삼
> ㉡ 예순하나
> ㉢ 64보다 1만큼 더 큰 수

문제해결

1 ㉠, ㉡, ㉢이 나타내는 수를 각각 구하세요.

㉠ (   )
㉡ (   )
㉢ (   )

2 가장 큰 수를 찾아 기호를 쓰세요.

(   )

🔔 쌍둥이

1-1 가장 작은 수를 찾아 기호를 쓰세요.

> ㉠ 칠십팔
> ㉡ 여든넷
> ㉢ 80보다 1만큼 더 작은 수

답 _____

💡 변형

1-2 작은 수부터 차례대로 기호를 쓰세요.

> ㉠ 85보다 1만큼 더 큰 수
> ㉡ 아흔일곱
> ㉢ 56과 58 사이에 있는 수

답 _____

심화 2

수의 순서를 활용하여 범위에 맞는 수 구하기

● 번째를 수로 나타내고 해당하는 범위의 수를 구하자!

◆ 노래 자랑 예선을 치르기 위해 강당에 학생들이 한 줄로 서 있습니다. 앞에서부터 우재는 예순아홉 번째, 나래는 일흔다섯 번째에 서 있다면 우재와 나래 사이에 서 있는 학생은 모두 몇 명인가요?

문제해결

1 예순아홉과 일흔다섯을 각각 차례로 수로 나타내 보세요.

(   ), (   )

2 위 **1**에서 나타낸 두 수 사이에 있는 수를 모두 쓰세요.

(   )

3 우재와 나래 사이에 서 있는 학생은 모두 몇 명인가요?

(   )

⚖ **쌍둥이**

2-1 공연장 입구에 사람들이 한 줄로 서 있습니다. 앞에서부터 효민이는 여든여덟 번째, 유미는 아흔일곱 번째에 서 있다면 효민이와 유미 사이에 서 있는 사람은 모두 몇 명인가요?

답 _____

💡 **변형**

2-2 어느 마트에서 회원 가입을 한 사람들에게 선착순으로 다음과 같이 쿠폰을 주는 행사를 하고 있습니다. 천 원 할인 쿠폰을 받는 사람은 모두 몇 명인가요?

회원 가입 순서	할인 쿠폰
첫 번째~스물다섯 번째	만 원 할인
스물여섯 번째~쉰한 번째	오천 원 할인
쉰두 번째~예순세 번째	천 원 할인

답 _____

심화 3

전체 수를 구하여 비교하기

낱개 10개는 10개씩 묶음 1개와 같음을 이용하여 전체 수를 구하자!

◆ 인나와 현우는 게임을 하여 점수 카드를 다음과 같이 모았습니다. 인나와 현우 중 모은 점수가 더 높은 사람은 누구인가요?

인나	10점 10점 10점 10점 10점 1점 1점 1점 1점 1점
현우	10점 10점 1점 1점 1점 1점 1점 1점 1점 1점 1점 1점 1점 1점 1점 1점 1점 1점 1점 1점 1점 1점 1점 1점 1점 1점 1점 1점 1점 1점 1점 1점 1점 1점 1점 1점 1점

문제해결

1 인나가 모은 점수는 몇 점인가요?

(   )

2 현우가 모은 점수는 몇 점인가요?

(   )

3 인나와 현우 중 모은 점수가 더 높은 사람은 누구인가요?

(   )

🔗 쌍둥이

3-1 탁구공이 한 상자에 10개씩 들어 있습니다. 흰색과 주황색 중 개수가 더 많은 탁구공은 무슨 색인가요?

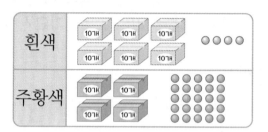

답 _____

💡 변형

3-2 어느 과일 가게에 배, 사과, 참외가 다음과 같이 있습니다. 배, 사과, 참외 중 가장 많은 과일은 무엇인가요?

▶ 동영상

> 배: 10개씩 묶음 8개, 낱개 1개
> 사과: 10개씩 묶음 6개, 낱개 30개
> 참외: 10개씩 묶음 5개, 낱개 29개

답 _____

심화 4

모르는 숫자가 있는 수의 크기 비교하기

낱개의 수를 모를 때 10개씩 묶음의 수의 크기를 비교하자!

◆ 신영이와 친구들이 작년에 도서관에서 빌린 책의 수를 나타낸 것입니다. ☐ 안에는 0부터 9까지의 수가 들어갈 수 있습니다. 작년에 도서관에서 책을 가장 많이 빌린 사람은 누구인가요?

| 신영: 64권 | 종민: 8☐권 |
| 세희: 5☐권 | 경수: 9☐권 |

문제해결

1 신영이와 친구들이 작년에 도서관에서 빌린 책의 수에서 10권씩 묶음의 수를 각각 쓰세요.

신영: ☐ , 종민: ☐

세희: ☐ , 경수: ☐

2 위 **1**에서 구한 10권씩 묶음의 수의 크기를 비교해 보세요.

☐ > ☐ > ☐ > ☐

3 작년에 도서관에서 책을 가장 많이 빌린 사람은 누구인가요?

( )

🔲 쌍둥이

4-1 기방이와 친구들이 가지고 있는 딱지 수를 나타낸 것입니다. ☐ 안에는 0부터 9까지의 수가 들어갈 수 있습니다. 딱지를 가장 적게 가지고 있는 사람은 누구인가요?

| 기방: 5☐장 | 인성: 9☐장 |
| 우빈: 6☐장 | 광수: 70장 |

답 _____

💡 변형

4-2 어느 빵 가게에서 하루 동안 팔린 빵의 수를 나타낸 것입니다. ☐ 안에는 0부터 9까지의 수가 들어갈 수 있습니다. 하루 동안 가장 많이 팔린 빵과 가장 적게 팔린 빵을 차례로 쓰세요.

단팥빵	롤케이크	샌드위치	식빵
87개	7☐개	89개	6☐개

답 _____ ,

심화 5

설명하는 수 구하기

먼저 10개씩 묶음의 수가 될 수 있는 수를 모두 구해 봐!

◆ 다음에서 설명하는 수를 구하세요.

> • 70보다 크고 100보다 작은 몇십몇
> 입니다.
> • 낱개의 수는 10개씩 묶음의 수보다
> 1만큼 더 작습니다.
> • 홀수입니다.

문제해결

1 70보다 크고 100보다 작은 몇십몇
의 10개씩 묶음의 수를 모두 쓰세요.

( )

2 위 **1**에서 구한 10개씩 묶음의 수보
다 낱개의 수가 1만큼 더 작은 몇십몇
을 구하세요.

( )

3 설명하는 수를 구하세요.

( )

쌍둥이

5-1 다음에서 설명하는 수를 구하세요.

> • 60보다 크고 90보다 작은 몇십몇
> 입니다.
> • 낱개의 수는 10개씩 묶음의 수보
> 다 1만큼 더 큽니다.
> • 짝수입니다.

답 _____

변형

5-2 다음에서 설명하는 수를 구하세요.

 동영상

> • 40보다 크고 60보다 작은 몇십몇
> 입니다.
> • 10개씩 묶음의 수는 낱개의 수보다
> 큽니다.
> • 10개씩 묶음의 수와 낱개의 수의
> 합은 8입니다.

답 _____

심화 6

수 카드로 수 만들기

■■▲보다 큰(작은) 수의 10개씩 묶음의 수는 ■와 같거나 ■보다 커(작아)!

◆ 5장의 수 카드 중에서 2장을 뽑아 한 번씩만 사용하여 몇십몇을 만들려고 합니다. 만들 수 있는 수 중에서 65보다 큰 수는 모두 몇 개인지 구하세요.

| 3 | 8 | 4 | 1 | 6 |

문제해결

1 주어진 수 카드로 65보다 큰 몇십몇을 만들 때 10개씩 묶음의 수가 될 수 있는 수를 모두 쓰세요.

( )

2 만들 수 있는 몇십몇 중에서 65보다 큰 수를 모두 쓰세요.

( )

3 만들 수 있는 수 중에서 65보다 큰 수는 모두 몇 개인지 구하세요.

( )

쌍둥이

6-1 5장의 수 카드 중에서 2장을 뽑아 한 번씩만 사용하여 몇십몇을 만들려고 합니다. 만들 수 있는 수 중에서 58보다 작은 수는 모두 몇 개인지 구하세요.

| 7 | 2 | 5 | 6 | 9 |

답 _____

변형

6-2 5장의 수 카드 중에서 2장을 뽑아 한 번씩만 사용하여 몇십몇을 만들려고 합니다. 만들 수 있는 수 중에서 42보다 크고 73보다 작은 수는 모두 몇 개인지 구하세요.

| 4 | 1 | 8 | 5 | 7 |

답 _____

1 ⊙과 ⊙ 사이에 있는 수는 모두 몇 개인가요?

 ▶동영상

> ⊙ 10개씩 묶음 3개와 낱개 24개인 수
> ⊙ 예순보다 1만큼 더 작은 수

(   )

🔵 실생활 연결

2 선생님이 시험지를 10장씩 묶음 6개와 낱장 2장을 복사했습니다. 복사한 시험지가 92장이 되려면 앞으로 몇 장을 더 복사해야 하나요?

▶동영상

(   )

3 1부터 9까지의 수 중에서 □ 안에 공통으로 들어갈 수 있는 수를 구하세요.

▶동영상

> ・□5>64   ・67>6□

(   )

🔆 추론

4
▶ 동영상

빨간색 구슬이 4개, 파란색 구슬이 5개, 노란색 구슬이 3개 있습니다. 지유는 이 중 두 가지 색의 구슬을 골라 모두 사용하여 팔찌를 만들었습니다. 지유가 만든 팔찌의 구슬 수가 짝수일 때 어느 색과 어느 색 구슬을 사용하여 팔찌를 만들었는지 구하세요.

(   ), (   )

5
▶ 동영상

4개의 수 53, 37, 28, 56을 방법1과 방법2로 두 수씩 나누어 크기를 비교했습니다. ㉠, ㉡, ㉢, ㉣에 알맞은 수를 각각 구했을 때 수가 같은 기호를 찾아 쓰세요.

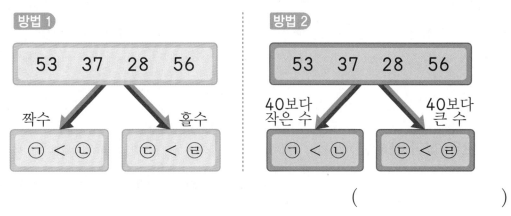

(   )

✏️ 문제 해결

6
▶ 동영상

연준이는 할아버지의 78번째 생신을 축하드리기 위해 케이크와 초를 준비했습니다. 10살을 나타내는 긴 초 8개와 1살을 나타내는 짧은 초 49개가 있습니다. 78살을 나타낼 때 남는 초의 수가 가장 적게 되도록 꽂았다면 남는 초는 몇 개인지 구하세요.

(   )

1 같은 수끼리 이어 보세요.

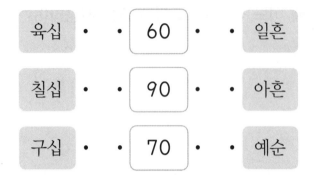

2 수로 <u>잘못</u> 쓴 것은 어느 것인가요?

( )

① 쉰다섯 ➡ 55   ② 오십팔 ➡ 58
③ 예순둘 ➡ 62   ④ 팔십칠 ➡ 87
⑤ 아흔셋 ➡ 94

3 홀수를 모두 찾아 쓰세요.

( )

4 <u>잘못</u> 설명한 것을 모두 고르세요.

( )

① 62는 70보다 작습니다.
② 85는 89보다 큽니다.
③ 56보다 1만큼 더 큰 수는 57입니다.
④ 74보다 1만큼 더 작은 수는 64입니다.
⑤ 79와 83 사이에 있는 수는 모두 3개
  입니다.

5 동화책에서 99쪽 다음은 몇 쪽인가요?

( )

6 버섯이 90송이 있습니다. 마트에서 이 버섯
을 한 봉지에 10송이씩 담아 모두 포장
한다면 몇 봉지가 되나요?

( )

7 가장 작은 수를 찾아 쓰세요.

| 79 | 92 | 88 | 73 |

( )

8 책에서 찢어진 부분의 쪽수는 몇쪽인지 모
두 쓰세요.

( )

9 빈칸에 알맞은 수를 써넣으세요.

10개씩 묶음	낱개
4	

➡ 62

10 훌라후프 돌리기 횟수를 적은 곳에 음료수를 흘려 일부분이 보이지 않습니다. 훌라후프를 몇십몇 번씩 돌렸다면 4명 중 가장 많이 돌린 사람은 누구인가요?

이름	횟수(번)
최동석	8
남궁민	5
전지우	61
김태연	9

( )

11 가장 큰 수를 찾아 기호를 쓰세요.

> ㉠ 구십이　　㉡ 아흔여섯
> ㉢ 90보다 1만큼 더 작은 수

( )

📝 서술형

12 희주네 가족이 모두 모였습니다. 그림을 보고 알맞은 말에 ○표 하고, 그렇게 생각한 까닭을 쓰세요.

다음 달에 동생 한 명이 태어날 거예요.

동생이 태어나면 희주네 가족 수는 (짝수 , 홀수)입니다.

까닭

13 57보다 크고 62보다 작은 홀수를 모두 쓰세요.

( )

📝 서술형

14 1부터 9까지의 수 중에서 □ 안에 공통으로 들어갈 수 있는 수는 무엇인지 풀이 과정을 쓰고 답을 구하세요.

・5□<59　　・□1>72

풀이

답 _____

15 5장의 수 카드 중에서 2장을 뽑아 한 번씩만 사용하여 몇십몇을 만들려고 합니다. 만들 수 있는 수 중에서 짝수는 모두 몇 개인가요?

| 2 | 4 | 9 | 7 | 5 |

( )

2

덧셈과
뺄셈(1)

이전에 배운 내용 ____ 1-1

❖ 덧셈과 뺄셈
- 모으기와 가르기
- 덧셈, 뺄셈 알아보기
- 0이 있는 덧셈과 뺄셈
- 덧셈과 뺄셈하기

2단원의 대표 심화 유형

- 학습한 후에 이해가 부족한 유형에 체크하고 한 번 더 공부해 보세요.

01 □ 안에 알맞은 수의 크기 비교하기 …… ✓

02 같은 줄에 있는 세 수의 합을 같게 만들기 ✓

03 수 카드로 덧셈식 만들기 ………………… ✓

04 □ 안에 들어갈 수 있는 수 구하기 …… ✓

05 모르는 수 구하기 ……………………………… ✓

06 모양이 나타내는 수 구하기 ……………… ✓

 큐알 코드를 찍으면 개념 학습 영상과 문제 풀이 영상도 보고, 수학 게임도 할 수 있어요.

이번에 배울 내용 ____ 1-2

❖ 덧셈과 뺄셈 (1)
- 세 수의 덧셈과 뺄셈
- 10이 되는 더하기
- 10에서 빼기
- 10을 만들어 더하기

이후에 배울 내용 ____ 1-2

❖ 덧셈과 뺄셈 (2), (3)
- 앞/뒤의 수를 가르기하여 덧셈, 뺄셈하기
- 여러 가지 덧셈, 뺄셈하기
- 받아올림이 없는 두 자리 수의 덧셈
- 받아내림이 없는 두 자리 수의 뺄셈

개념 1 세 수의 덧셈

예 2+1+6의 계산

2+1=3 | 2+1+6=9

3+6=9

2+1+6=9

앞의 두 수를 먼저 더하고, 두 수를 더해 나온 수에 나머지 한 수를 더합니다.

참고 세 수의 덧셈은 순서를 바꾸어 더해도 결과가 같습니다.

2+1+6=9

개념 2 세 수의 뺄셈

예 9−4−1의 계산

9−4=5 | 9−4−1=4

5−1=4

앞의 두 수를 먼저 빼고, 두 수를 빼서 나온 수에서 나머지 한 수를 뺍니다.

주의 9−4−1=6 (×)

세 수의 뺄셈은 앞에서부터 차례대로 계산해야 해.

개념 3 10이 되는 더하기

1. 10이 되는 덧셈식

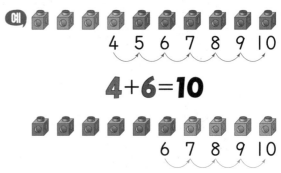

  4 5 6 7 8 9 10

4+6=10

  6 7 8 9 10

6+4=10

➡ 두 수를 서로 **바꾸어 더해도** 합은 10으로 **같습니다**.

2. 10이 되는 여러 가지 덧셈식

	1+9=10
	2+8=10
	3+7=10
	4+6=10
	5+5=10
	6+4=10
	7+3=10
	8+2=10
	9+1=10

파란색 모형의 수에 빨간색 모형의 수를 이어서 세면 모두 10이 됩니다.

➡ 더해서 10이 되는 두 수는 1과 9, 2와 8, 3과 7, 4와 6, 5와 5입니다.

참고 0과 10을 더해도 10이 됩니다.

0+10=10, 10+0=10

개념 4 10에서 빼기

1. 10에서 빼는 뺄셈식

예 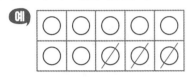 $10-3=7$

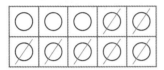 $10-7=3$

➡ 빼는 수가 **3**이면 뺄셈 결과가 **7**이고, 빼는 수가 **7**이면 뺄셈 결과가 **3**입니다.

2. 10에서 빼는 여러 가지 뺄셈식

	$10-1=9$
	$10-2=8$
	$10-3=7$
	$10-4=6$
	$10-5=5$
	$10-6=4$
	$10-7=3$
	$10-8=2$
	$10-9=1$

 / 표시가 의미하는 것은 그 개수만큼 뺐다는 뜻이야.

빼는 수만큼 /으로 지우면 남은 모형의 수가 됩니다.

➡ $10-●=▲$에서 ●와 ▲는 더해서 10이 되는 두 수입니다.

개념 5 10을 만들어 더하기(1)

• 앞의 두 수로 **10**을 만들고 남은 수 더하기

예 $1+9+4$의 계산

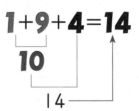

➡ 앞의 두 수를 더해 10을 만들고, 만든 10에 남은 수 4를 더합니다.

개념 6 10을 만들어 더하기(2)

• 합을 구하는 방법 비교하기

예 $2+7+3$의 계산

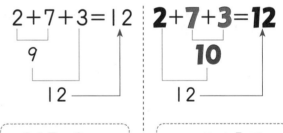

$2+7=9$에서 3만큼 이어 세면 10, 11, 12야.

뒤의 두 수를 먼저 더하면 $7+3=10$이고, $2+10=12$야.

➡ 앞의 두 수를 먼저 더하는 방법과 뒤의 두 수를 먼저 더하는 방법의 결과는 같습니다.

참고 ➡ 10이 되는 두 수를 먼저 더하는 것이 편리하므로 양끝의 두 수를 먼저 더합니다.

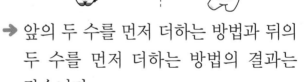

1 세 수의 덧셈

1 그림을 보고 알맞은 덧셈식을 만들어 보세요.

$1+3+\boxed{}=\boxed{}$

2 ☐ 안에 알맞은 수를 써넣으세요.

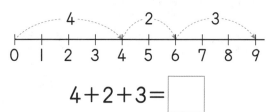

$4+2+3=\boxed{}$

3 세 수의 합을 구하세요.

| 2 6 1 |

( )

4 크기를 비교하여 ◯ 안에 >, =, <를 알맞게 써넣으세요.

$4+4+1 \bigcirc 10$

5 세 가지 색 팔찌를 보고 알맞은 것을 모두 찾아 기호를 쓰세요.

| ㉠ 1+5+3 | ㉡ 2+2+4 |
| ㉢ 8 | ㉣ 9 |

( )

6 축구 경기에서 몇 골을 넣었는지 나타낸 것입니다. 3번의 경기에서 1반이 넣은 골은 모두 몇 골인지 덧셈식을 쓰세요.

$\boxed{}+\boxed{}+\boxed{}=\boxed{}$

7 빨간색 수수깡 5개, 파란색 수수깡 2개, 노란색 수수깡 1개를 사용하여 비행기를 만들었습니다. 사용한 수수깡은 몇 개인가요?

식 _____ 꼭 단위까지 따라 쓰세요.

답 _____ 개

2 세 수의 뺄셈

8 그림을 보고 알맞은 뺄셈식을 만들어 보세요.

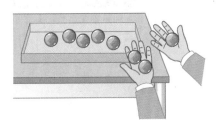

$$8 - 2 - \boxed{} = \boxed{}$$

9 ☐ 안에 알맞은 수를 써넣으세요.

(1) $9 - 3 - 5 = \boxed{}$

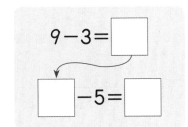

$$9 - 3 = \boxed{}$$
$$\boxed{} - 5 = \boxed{}$$

(2) $7 - 5 - 1 = \boxed{}$

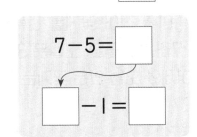

$$7 - 5 = \boxed{}$$
$$\boxed{} - 1 = \boxed{}$$

10 빈칸에 알맞은 수를 써넣으세요.

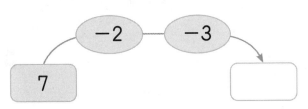

11 차를 구하여 이어 보세요.

$$5 - 3 - 1 \quad \cdot$$

$$6 - 2 - 1 \quad \cdot$$

· $\boxed{1}$

· $\boxed{2}$

· $\boxed{3}$

의사소통

12 바르게 계산한 사람의 이름을 쓰세요.

지호   다은

(   )

13 은별이는 초콜릿 **9**개를 가지고 있습니다. 친구에게 **2**개, 동생에게 **3**개를 주면 몇 개가 남는지 뺄셈식을 만들어 보세요.

$$9 - \boxed{} - \boxed{} = \boxed{}$$

14 가장 큰 수에서 나머지 두 수를 뺀 값은 얼마인가요?

$$\boxed{\quad 1 \quad 7 \quad 3 \quad}$$

(   )

3 10이 되는 더하기

15 그림을 보고 알맞은 덧셈식을 만들어 보세요.

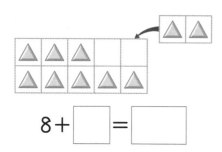

$8 +$ ☐ $=$ ☐

16 덧셈식에 맞게 ○를 이어 그리고 덧셈을 하세요.

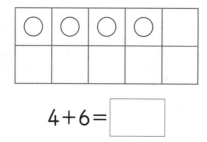

$4 + 6 =$ ☐

17 빈칸에 알맞은 수를 써넣으세요.

🔴 실생활 연결

18 현준이가 수학 시험에서 <u>틀린</u> 문제입니다. 옳은 답을 찾아 기호를 쓰세요.

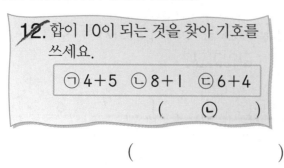

12. 합이 10이 되는 것을 찾아 기호를 쓰세요.

ㄱ $4+5$ ㄴ $8+1$ ㄷ $6+4$

(ㄴ)

( )

19 10이 되도록 빈 곳에 ●을 그리고, ☐ 안에 알맞은 수를 써넣으세요.

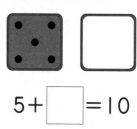

$5 +$ ☐ $= 10$

20 더해서 10이 되는 두 수를 찾아 ◯로 묶고, 10이 되는 덧셈식을 3개 쓰세요.

3	2	8	9
7	4	1	5

_____

_____

21 규현이는 종이를 접어 꽃게를 만들었습니다. 어제는 7마리 만들고, 오늘은 3마리 만들었다면 어제와 오늘 만든 꽃게는 모두 몇 마리인가요?

식 _____
꼭 단위까지 따라 쓰세요.

답 _____ 마리

4 **10에서 빼기**

22 그림을 보고 알맞은 뺄셈식을 만들어 보세요.

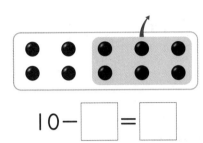

$10-\boxed{}=\boxed{}$

23 그림에 알맞은 식을 찾아 기호를 쓰세요.

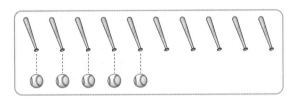

| ㉠ 10−3=7 | ㉡ 10−5=5 |

( )

24 ☐ 안에 알맞은 수를 써넣으세요.

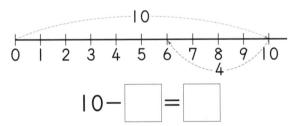

$10-\boxed{}=\boxed{}$

25 바르게 계산한 것의 기호를 쓰세요.

㉠ 10−8=2
㉡ 10−7=4

( )

26 그림을 보고 알맞은 것을 찾아 이어 보세요.

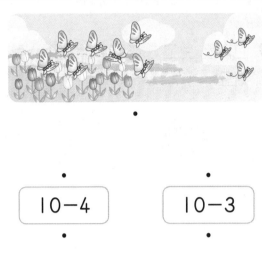

10−4   10−3

7   8   9

🔵 정보처리

27 두 수의 차를 구하여 그 차에 해당하는 글자를 찾아 쓰세요.

6	7	8	9
본	수	더	리

10−1	10−2

28 다람쥐가 도토리 10개를 모았습니다. 그 중에서 9개를 먹으면 남는 도토리는 몇 개인가요?

식 _____

꼭 단위까지 따라 쓰세요.

답 _____ 개

2

덧셈과 뺄셈 (1)

37

5 10을 만들어 더하기(1)

29 그림을 보고 □ 안에 알맞은 수를 써넣으세요.

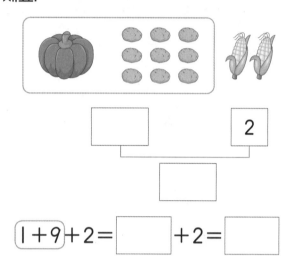

$1+9+2 = \boxed{} +2 = \boxed{}$

30 10을 만들어 더할 수 있는 식에 ○표 하세요.

(1) $8+4+5$ $7+3+5$

(   )   (   )

(2) $2+8+3$ $4+7+2$

(   )   (   )

31 합이 10이 되는 두 수를 ◯로 묶고, 세 수의 합을 구하여 □ 안에 써넣으세요.

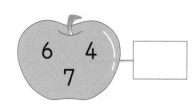

32 보기와 같은 방법으로 계산을 하세요.

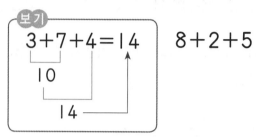

$8+2+5$

🔍 정보처리

33 두 갈래의 길을 각각 따라갔을 때 낙엽 수의 합을 구하려고 합니다. □ 안에 알맞은 수를 써넣어 덧셈식을 완성해 보세요.

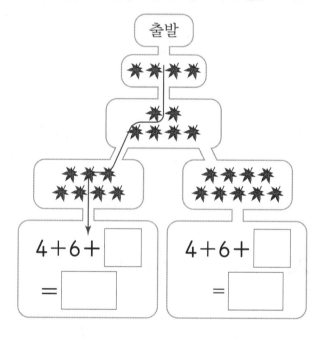

34 바구니에 배 5개, 감 5개, 키위 3개가 있습니다. 바구니에 있는 과일은 모두 몇 개인가요?

식 _____

꼭 단위까지 따라 쓰세요

답 _____ 개

6 10을 만들어 더하기⑵

35 그림을 보고 ☐ 안에 알맞은 수를 써넣으세요.

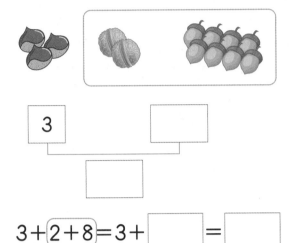

3

3+2+8=3+☐=☐

36 합이 같은 것끼리 이어 보세요.

9+5+5 ·   · 10+5

9+1+5 ·   · 9+10

37 보기와 같이 합이 10이 되는 두 수를 묶고, 덧셈을 하세요.

보기

2 ③ ⑦ → 2+③+⑦=12

5 6 4

→ 5+6+4=☐

38 밑줄 친 두 수의 합이 10이 되도록 ◯ 안에 알맞은 수를 써넣고, 식을 완성해 보세요.

2+4+◯=2+10=☐

39 등번호는 같은 팀 선수끼리 구분하기 위해 등에 적은 수를 말합니다. 야구 선수 3명의 등번호의 합을 구하세요.

식 _____

답 _____

40 버스에 4명이 타고 있었습니다. 우체국 앞에서 8명이 타고, 병원 앞에서 2명이 탔습니다. 지금 버스에 타고 있는 사람은 몇 명인가요? (단, 내린 사람은 없습니다.) 꼭 단위까지 따라 쓰세요.

(명   )

2

덧셈과 뺄셈 ⑴

활용 1 100이 되도록 만들기

예

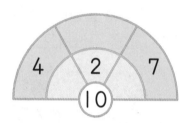

$5+\square=10 \rightarrow \square=5$

1-1 분홍색과 파란색 부분의 두 수를 더해서 10이 되도록 빈칸에 알맞은 수를 써넣으세요.

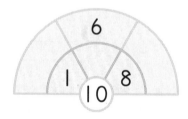

4   2   7
10

1-2 노란색과 연두색 부분의 두 수를 더해서 10이 되도록 빈칸에 알맞은 수를 써넣으세요.

6
1   8
10

1-3 보라색과 분홍색 부분의 두 수를 더하면 10이 됩니다. ㉠, ㉡, ㉢에 알맞은 수 중 가장 큰 수의 기호를 쓰세요.

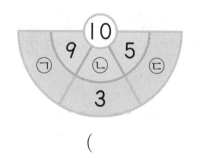

10
9   5
㉠   ㉡   ㉢
3

(   )

활용 2 계산 결과의 크기 비교하기

10을 만들어 덧셈을 한 후 계산 결과의 크기를 비교합니다.

2-1 계산 결과의 크기를 비교하여 ○ 안에 >, =, <를 알맞게 써넣으세요.

| 2+6+4 | ○ | 10+3 |

2-2 계산 결과의 크기를 비교하여 ○ 안에 >, =, <를 알맞게 써넣으세요.

| 5+5+7 | ○ | 7+10 |

2-3 계산 결과가 더 큰 식을 말한 사람은 누구인가요?

9+2+8   지안

3+7+6   민재

(   )

활용 3	그림을 이용하여 **뺄셈식 만들기**

꺼낸 공깃돌의 수를 세어 보고 상자 안에 남아 있는 공깃돌의 수를 구하는 뺄셈식을 만들어 봅니다.

3-1 공깃돌 10개가 들어 있는 상자에서 그림과 같이 공깃돌을 꺼냈습니다. 상자 안에 남아 있는 공깃돌은 몇 개인지 구하는 뺄셈식을 쓰세요.

$$10 - \boxed{} = \boxed{}$$

3-2 공깃돌 10개가 들어 있는 상자에서 그림과 같이 공깃돌을 꺼냈습니다. 상자 안에 남아 있는 공깃돌은 몇 개인지 구하는 뺄셈식을 쓰세요.

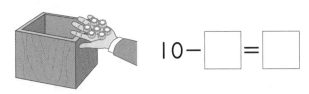

$$10 - \boxed{} = \boxed{}$$

3-3 공깃돌 10개가 들어 있는 주머니에서 공깃돌 몇 개를 꺼냈더니 주머니 안에 공깃돌이 5개 남았습니다. 꺼낸 공깃돌은 몇 개인지 구하는 뺄셈식을 쓰세요.

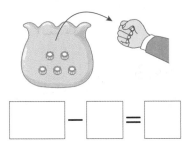

$$\boxed{} - \boxed{} = \boxed{}$$

활용 4	세 수의 덧셈과 **뺄셈 활용**

- 〔모두〕, 〔합〕, 〔받은 후의 수〕
  ➜ 덧셈식을 만들어 구합니다.
- 〔남은 것〕, 〔차〕, 〔주고 난 후의 수〕
  ➜ 뺄셈식을 만들어 구합니다.

4-1 책장에 동화책 3권, 위인전 1권, 만화책 4권이 꽂혀 있습니다. 책장에 꽂혀 있는 책은 모두 몇 권인가요?

( )

4-2 주헌이는 연필을 9자루 가지고 있었습니다. 동생에게 3자루, 친구에게 2자루 주었다면 주헌이에게 남은 연필은 몇 자루인가요?

( )

4-3 지혜는 가지고 있는 구슬 8개 중 1개를 성준이에게, 2개를 윤아에게 주었습니다. 현주는 구슬을 2개 가지고 있었는데 성준이와 윤아에게서 구슬을 각각 1개씩 받았습니다. 지혜와 현주 중 구슬을 더 많이 가지고 있는 사람은 누구인가요?

( )

2

덧셈과 뺄셈 (1)

41

2단계 실력 유형 연습

1 잘못 계산한 것에 ×표 하세요.

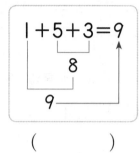

(   )   (   )   (   )

2

덧셈과
뺄셈
(1)

42

2 빈칸에 알맞은 수를 써넣으세요.

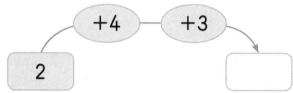

3 그림에서 □ 안에 알맞은 수를 써넣고, 뺄셈식을 완성해 보세요.

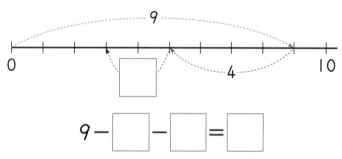

$$9 - \boxed{} - \boxed{} = \boxed{}$$

4 사탕을 은희는 8개 먹었고, 승현이는 2개 먹었습니다. 은희와 승현이가 먹은 사탕은 모두 몇 개인가요?

(   )

 세 수의 뺄셈은 앞에서부터 두 수씩 차례대로 계산해야 해요.

오른쪽으로 ■만큼 이동한 후에 왼쪽으로 ▲만큼 이동한 것은 오른쪽으로 (■ − ▲)만큼 이동한 것과 같아요.

5 사다리를 타고 내려간 빈칸에 계산한 값을 써넣으세요.

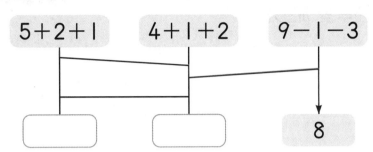

6 더해서 10이 되는 두 수씩 짝을 지으려고 합니다. 짝을 지을 수 없는 수는 무엇인가요?

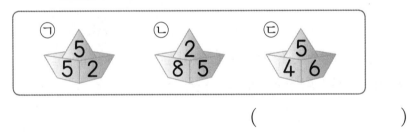

(   )

7 세 수의 합이 다른 하나를 찾아 기호를 쓰세요.

㉠   5   5   2   ㉡   2   8   5   ㉢   5   4   6

(   )

🔧 정보처리

8 두 수의 차를 구하여 그 차에 해당되는 글자를 보기 에서 찾아 쓰세요.

보기

1	2	3	4
대	세	한	이
5	6	7	8
왕	종	신	순

$10-8=$ ☐ 2 → (세)

$10-4=$ ☐ → (   )

$10-9=$ ☐ → (   )

$10-5=$ ☐ → (   )

2

덧셈과 뺄셈 (1)

43

9 상혁이가 밭에서 오이 5개, 감자 1개, 무 2개를 가져왔습니다. 밭에서 가져온 오이와 감자, 무는 모두 몇 개인가요?

( )

10 성민, 진서, 찬우가 가위바위보를 하였습니다. 세 사람이 펼친 손가락은 모두 몇 개인가요?

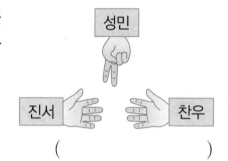

성민

진서   찬우

( )

펼친 손가락 수는 가위 2개, 바위 0개, 보 5개예요.

11 꽃집에서 장미 10송이 중에서 6송이를 팔고, 국화 10송이 중에서 4송이를 팔았습니다. 꽃집에 남은 장미와 국화는 모두 몇 송이인가요?

( )

먼저 팔고 남은 장미와 국화의 수를 각각 구해 봐요.

🌀 추론

12 규칙을 찾아 빈 곳에 알맞은 수를 써넣으세요.

	9				8				7				6	
3	2	4		1	5	2		4	2	1		2		3

나머지 3개의 수를 계산해서 아랫줄 가운데 수가 나오는 규칙을 찾아봐요.

2
덧셈과 뺄셈
(1)

44

13 냠냠 분식집에서는 쿠폰을 10장 모으면 떡볶이 1인분이 무료 입니다. 다음은 은지와 소희가 모은 쿠폰입니다. 두 사람이 모은 쿠폰을 합쳐서 떡볶이 1인분을 무료로 먹으려면 쿠폰을 몇 장 더 모아야 하나요?

 은지

소희

( )

2

덧셈과 뺄셈 (1)

45

14 작년에 민우가 읽은 책의 제목을 썼습니다. 작년에 민우가 읽은 책은 모두 몇 권인가요?

동화책	위인전	만화책
오즈의 마법사, 토끼와 거북, 개미와 베짱이, 피노키오, 흥부와 놀부, 헨젤과 그레텔, 콩쥐 팥쥐, 아기 돼지 삼형제	이순신, 신사임당	인어 공주, 신데렐라, 백설 공주

( )

솔루션

민우가 읽은 동화책, 위인전, 만화책의 수를 각각 세어 봐요.

15 다음 중 합이 17이 되는 서로 다른 세 수를 구하세요.
(단, 세 수 중에서 두 수의 합은 10입니다.)

| 1 | 7 | 4 | 2 | 9 |

( )

더해서 10이 되는 두 수를 먼저 찾아봐요.

심화 1

□ 안에 알맞은 수의 크기 비교하기

더해서 10이 되는 두 수를 찾자!

◆ □ 안에 알맞은 수가 가장 큰 것을 찾아 기호를 쓰세요.

> ㉠ $\square + 3 = 10$
>
> ㉡ $9 + \square = 10$
>
> ㉢ $10 - \square = 8$

문제해결

1 □ 안에 알맞은 수를 각각 구하세요.

㉠ (   )

㉡ (   )

㉢ (   )

2 □ 안에 알맞은 수가 가장 큰 것을 찾아 기호를 쓰세요.

(   )

쌍둥이

1-1 □ 안에 알맞은 수가 가장 작은 것을 찾아 기호를 쓰세요.

> ㉠ $\square + 1 = 10$
>
> ㉡ $10 - \square = 5$
>
> ㉢ $8 + \square = 10$

답 _____

변형

1-2 □ 안에 알맞은 수를 큰 수부터 차례대로 기호를 쓰세요.

> ㉠ $4 + \square = 10$
>
> ㉡ $10 - \square = 7$
>
> ㉢ $10 - \square = 6$

답 _____

심화 2

같은 줄에 있는 세 수의 합을 같게 만들기

가로줄 또는 세로줄 중에서 빈칸이 한 개인 곳의 수를 먼저 구하자!

◆ 같은 줄에 있는 세 수의 합이 8이 되도록 만들려고 합니다. ㉠과 ㉡에 알맞은 수를 각각 구하세요.

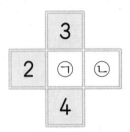

문제해결

1 세로줄(↓)에서 ㉠에 알맞은 수를 구하세요.

( )

2 가로줄(→)에서 ㉡에 알맞은 수를 구하세요.

( )

⚖ 쌍둥이

2-1 같은 줄에 있는 세 수의 합이 9가 되도록 만들려고 합니다. ㉠과 ㉡에 알맞은 수를 각각 구하세요.

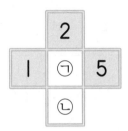

답 ㉠: _____ ㉡: _____

💡 변형

2-2 3부터 7까지의 수를 한 번씩 사용하여 같은 줄에 있는 세 수의 합이 15가 되도록 만들어 보세요.

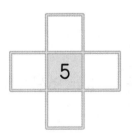

2

덧셈과 뺄셈 (1)

47

심화 3

수 카드로 덧셈식 만들기
빈 곳에 넣을 두 수의 합이 얼마가 되어야 하는지 알아보자!

◆ 수 카드 2장을 골라 빈 곳에 각각 넣어 덧셈식을 완성하려고 합니다. 만들 수 있는 덧셈식을 모두 쓰세요.

| 2 | 1 | 8 | 4 |

$\square + \square + 6 = 16$

문제해결

1 +는 얼마가 되어야 하나요?

(   )

2 어떤 수 카드 2장을 골라야 하나요?

(   ), (   )

3 만들 수 있는 덧셈식을 모두 쓰세요.

_____

_____

 쌍둥이

3-1 수 카드 2장을 골라 빈 곳에 각각 넣어 덧셈식을 완성하려고 합니다. 만들 수 있는 덧셈식을 모두 쓰세요.

| 9 | 3 | 6 | 1 |

$3 + \square + \square = 13$

답 _____

변형

3-2 수 카드 2장을 골라 빈 곳에 각각 넣어 덧셈식을 완성하려고 합니다. 만들 수 있는 덧셈식은 모두 몇 개인가요?

▶동영상

| 7 | 6 | 4 | 3 |

$\square + 5 + \square = 15$

답 _____

심화 4

□ 안에 들어갈 수 있는 수 구하기

식을 간단히 나타낸 후 크기 비교를 만족하는 수를 구하자!

◆ Ⅰ부터 5까지의 수 중에서 ●에 들어갈 수 있는 수를 모두 구하세요.

$$6-1-●<2$$

문제해결

1 주어진 식을 간단히 나타내 보세요.

$$6-1-●<2$$
$$→ \boxed{}-●<2$$

2 Ⅰ부터 5까지의 수 중에서 ●에 들어갈 수 있는 수를 모두 구하세요.

(   )

🏅 쌍둥이

4-1 Ⅰ부터 6까지의 수 중에서 □ 안에 들어갈 수 있는 수를 모두 구하세요.

$$8-2-\boxed{}>3$$

답 _____

💡 변형

4-2 Ⅰ부터 7까지의 수 중에서 □ 안에 들어갈 수 있는 가장 큰 수를 구하세요.

$$\boxed{}+1+2<9$$

답 _____

심화 5

모르는 수 구하기

모르는 수를 ■라 하고 식을 세워 구하자!

◆ 상우는 포도 맛 사탕 3개와 레몬 맛 사탕 4개를 가지고 있습니다. 상우와 동생이 가지고 있는 사탕이 모두 10개일 때, 동생이 가지고 있는 사탕은 몇 개인지 구하세요.

문제해결

1 상우가 가지고 있는 사탕은 몇 개인가요?

( )

2 동생이 가지고 있는 사탕의 수를 ■개라 하고 상우와 동생이 가지고 있는 사탕의 수를 나타내는 덧셈식을 쓰세요.

식 _____

3 동생이 가지고 있는 사탕은 몇 개인지 구하세요.

( )

🌓 쌍둥이

5-1 유나의 필통에는 빨간색, 파란색, 초록색의 세 가지 색 볼펜이 들어 있습니다. 빨간색 볼펜이 5자루, 파란색 볼펜이 1자루이고, 필통에 들어 있는 볼펜이 모두 10자루일 때 초록색 볼펜은 몇 자루인지 구하세요.

답 _____

💡 변형

5-2 수학 문제집을 지호는 어제 2장, 오늘 8장 풀었고, 규현이는 어제 9장, 오늘 몇 장 풀었습니다. 두 사람이 어제와 오늘 푼 수학 문제집의 장수가 같다면 규현이가 오늘 푼 수학 문제집은 몇 장인가요?

▶ 동영상

답 _____

심화 6

모양이 나타내는 수 구하기

알 수 있는 모양의 수부터 먼저 구하자!

◆ 같은 모양은 같은 수를 나타냅니다. ★에 알맞은 수를 구하세요.

> • 8−4−2=●
> • 9−●−●=▲
> • ▲+▲+3=★

문제해결

1 ●에 알맞은 수를 구하세요.

(   )

2 ▲에 알맞은 수를 구하세요.

(   )

3 ★에 알맞은 수를 구하세요.

(   )

쌍둥이

6-1 같은 모양은 같은 수를 나타냅니다. ■에 알맞은 수를 구하세요.

> • 9−3−5=◆
> • 7−◆−◆=♥
> • ♥+♥+1=■

답 _____

변형

6-2 같은 모양은 같은 수를 나타냅니다. ◆에 (동영상) 알맞은 수를 구하세요.

> • ●+●+●=9
> • 8−●−●=■
> • ■+●+7=◆

답 _____

2

덧셈과 뺄셈 (1)

51

1 올바른 식이 되도록 ◯ 안에 ＋, － 기호를 알맞게 써넣으세요.

$$6 \bigcirc 4 \bigcirc 1 = 9$$

2 어떤 수에 3을 더해야 할 것을 잘못하여 뺐더니 7이 되었습니다. 바르게 계산한 값을 구하세요.

(   )

 실생활 연결

3 성희는 대공원역에서 출발하여 다음과 같이 지하철을 갈아타고 양재역에 도착하려고 합니다. 성희는 도착할 때까지 모두 몇 개의 역을 가서 내려야 하나요?

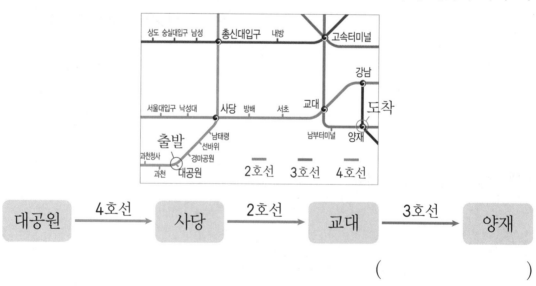

대공원 →4호선→ 사당 →2호선→ 교대 →3호선→ 양재

(   )

4 연석이와 수정이의 나이의 합은 10살입니다. 연석이가 수정이보다 6살 더
▶동영상 많다면 연석이와 수정이의 나이는 각각 몇 살인지 구하세요.

연석 (   ), 수정 (   )

⚡ 추론

5 1부터 9까지의 수를 한 번씩만 사용하여 선으로 나란히 연결된 세 수의 합
▶동영상 이 모두 같도록 만들려고 합니다. 빈 곳에 알맞은 수를 써넣으세요.

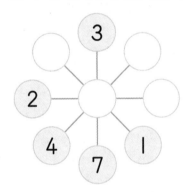

6 효섭이는 붙임딱지를 공책에 4개, 필통에 2개 붙였더니 8개가 남았습니다.
▶동영상 진영이는 붙임딱지를 연필에 5개, 수첩에 9개 붙였더니 1개가 남았습니다.
처음에 가지고 있던 붙임딱지가 더 많은 사람은 누구인가요?

(   )

BOOK❷ 6~9쪽에서 경시대회 문제 도전!

2

덧셈과 뺄셈 (1)

53

1 그림을 보고 뺄셈식을 쓰세요.

$7-3-\boxed{}=\boxed{}$

2 빈칸에 알맞은 수를 써넣으세요.

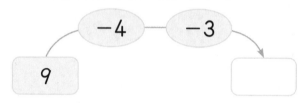

3 계산 결과가 8인 것의 기호를 쓰세요.

㉠ 1+2+6
㉡ 3+4+1

(   )

4 펼친 손가락은 몇 개인지 뺄셈식을 쓰세요.

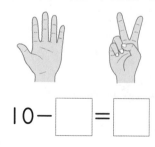

$10-\boxed{}=\boxed{}$

5 계산 결과를 비교하여 ○ 안에 >, =, < 를 알맞게 써넣으세요.

10-4 ○ 10-5

6 합이 10이 되는 칸에 모두 색칠해 보세요.

1+9	4+5	9+0
2+8	7+2	3+5
4+6	7+3	5+5

7 계산 결과가 가장 큰 것을 찾아 기호를 쓰세요.

㉠ 1+3+6
㉡ 4+7+3
㉢ 5+5+2

(   )

8 승미는 종이학을 어제 3개, 오늘 7개 접었습니다. 어제와 오늘 접은 종이학은 모두 몇 개인가요?

(   )

9 과자는 모두 몇 개인지 덧셈식을 쓰세요.

식 _____

🖊 서술형

10 유미는 공책을 8권 가지고 있었습니다. 그중에서 2권은 언니에게, 3권은 동생에게 주었습니다. 지금 유미가 가지고 있는 공책은 몇 권인지 풀이 과정을 쓰고 답을 구하세요.

풀이 _____

_____

_____

_____

답 _____

11 주머니에 구슬이 5개 들어 있습니다. 이 주머니에 선미가 7개, 지우가 3개의 구슬을 더 넣었습니다. 주머니에 들어 있는 구슬은 모두 몇 개인가요?

(   )

12 규칙을 찾아 빈 곳에 알맞은 수를 구하세요.

(   )

13 ☐ 안에 알맞은 수가 가장 작은 것을 찾아 기호를 쓰세요.

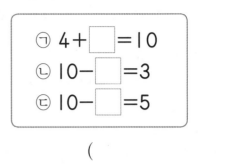

⊙ $4 + \boxed{} = 10$

ⓒ $10 - \boxed{} = 3$

ⓒ $10 - \boxed{} = 5$

(   )

14 1부터 6까지의 수 중에서 ☐ 안에 들어갈 수 있는 가장 큰 수를 구하세요.

$$7 - 1 - \boxed{} > 2$$

(   )

🖊 서술형

15 같은 모양은 같은 수를 나타낼 때, ★에 알맞은 수를 구하려고 합니다. 풀이 과정을 쓰고 답을 구하세요.

- $9 - 5 - 2 = \bullet$
- $8 - \bullet - \bullet = \blacktriangle$
- $\blacktriangle + \blacktriangle + 6 = ★$

풀이 _____

_____

_____

_____

답 _____

2

덧셈과 뺄셈 (1)

55

3

모양과 시각

큐알 코드를 찍으면 개념 학습 영상과 문제 풀이 영상도 보고, 수학 게임도 할 수 있어요.

개념 1　여러 가지 모양 찾기

1. ■, ▲, ● 모양 찾기

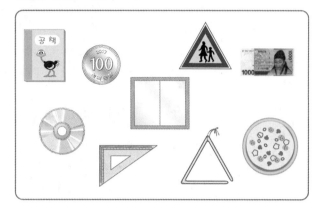

(1) ■ 모양 찾기

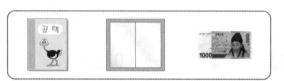

(2) ▲ 모양 찾기

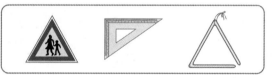

(3) ● 모양 찾기

물건을 놓고 위에서 내려다 볼 때
어떤 모양인지 생각하여
교실이나 주변에서 ■, ▲, ● 모양을 찾아봐.

2. 같은 모양끼리 모으기

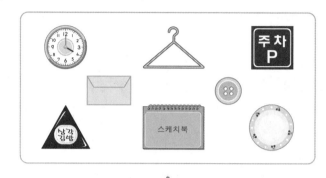

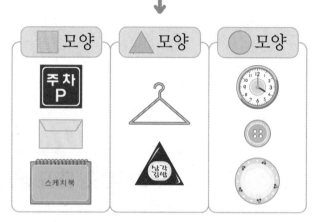

같은 모양끼리 모을 때에는
색깔이나 크기와 관계없이
모양이 같은 것만 생각해!

3. ■, ▲, ● 모양의 이름 정하기

■ 모양은 네모 모양이라고
부르면 좋겠어.

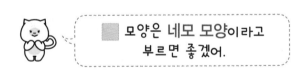
▲ 모양은 세모 모양이라고
부르면 좋겠어.

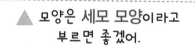
● 모양은 동그라미 모양이라고
부르면 좋겠어.

개념 2 여러 가지 모양 알아보기

1. 여러 가지 방법으로  모양 나타내기

(1) 종이 위에 본뜨기

종이 위에 ▲ 모양을 본떴어.

(2) 고무찰흙 위에 찍기

납작하게 편 찰흙 위에 ● 모양으로 찍었어.

(3) 물감을 묻혀 찍기

■ 모양의 도장을 찍었어.

(4) 몸으로 표현하기
손가락, 팔, 다리 등 신체 부위를 다양하게 사용하여 모양을 만들 수 있습니다.

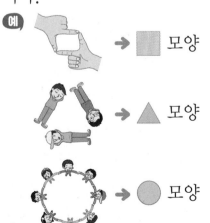

2. 모양에 대해 알게 된 것 말하기

(1) ■ 모양은 **뾰족한 부분이 4**군데 있고, **곧은 선이 4**개 있습니다.

(2) ▲ 모양은 **뾰족한 부분이 3**군데 있고, **곧은 선이 3**개 있습니다.

(3) ● 모양은 뾰족한 부분 대신에 **둥근 부분**이 있고, **곧은 선이 없습니다**.

개념 3 여러 가지 모양 만들기

예 ■, ▲, ● 모양을 이용하여 무늬를 만들어 책가방 꾸미기

① 무늬를 만들어 책가방을 꾸미는 데 ■ 모양 4개, ▲ 모양 5개, ● 모양 3개를 사용했습니다.

② 5>4>3이므로 ▲ 모양을 가장 많이 사용하고, ● 모양을 가장 적게 사용했습니다.

개념 4   몇 시

1. 몇 시 알아보기

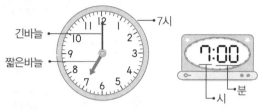

짧은바늘이 7,
긴바늘이 12를 가리킬 때
시계는 **7시**를 나타냅니다.
일곱 시라고 읽습니다.

2. 시계를 보고 몇 시 쓰기

짧은바늘이 3,
긴바늘이 12를
가리키므로 3시야.

참고 긴바늘이 한 바퀴 움직일 때 짧은바늘은 숫자 1칸을 움직입니다.

3. 시계에 몇 시 나타내기

예 9시 나타내기

짧은바늘이 9를 가리키고, 긴바늘이 12를 가리키도록 그립니다.

몇 시는 모두
긴바늘이 12를 가리켜.

주의 시계의 짧은바늘과 긴바늘의 길이가 구분되도록 그려야 합니다.

개념 5   몇 시 30분

1. 몇 시 30분 알아보기

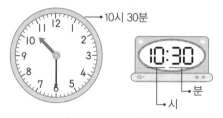

짧은바늘이 10과 11의 가운데,
긴바늘이 6을 가리킬 때
시계는 **10시 30분**을 나타냅니다.
열 시 삼십 분이라고 읽습니다.

2. 시계를 보고 몇 시 30분 쓰기

짧은바늘이 4와 5의 가운데,
긴바늘이 6을 가리키므로
4시 30분이야.

참고 5시, 5시 30분 등을 **시각**이라고 합니다.

3. 시계에 몇 시 30분 나타내기

예 12시 30분 나타내기

짧은바늘이 12와 1의 가운데를 가리키고, 긴바늘이 6을 가리키도록 그립니다.

몇 시 30분은 모두
긴바늘이 6을 가리켜.

1 여러 가지 모양 찾기

1 모양이 <u>다른</u> 하나에 × 표 하세요.

(   ) (   ) (   )

2 왼쪽 물건과 같은 모양에 모두 색칠해 보세요.

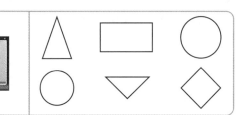

3 같은 모양끼리 모은 것입니다. 잘못 모은 것에 × 표 하세요.

4 같은 모양끼리 이어 보세요.

5 ▲ 모양 쿠키를 모두 찾아 기호를 쓰세요.

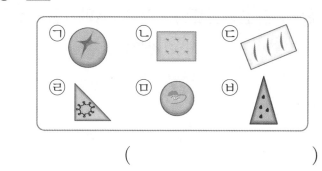

(   )

6 ■ 모양에 □표, ▲ 모양에 △표, ● 모양에 ○표 하세요.

(   )   (   )

(   )   (   )

(   )   (   )

🔴 실생활 연결

7 주변에서 ● 모양의 물건을 2가지 찾아 이름을 쓰세요.

(   )

3

모양과 시각

61

2 여러 가지 모양 알아보기

8 손으로 만든 모양과 같은 모양에 ○표 하세요.

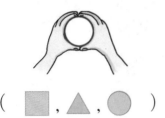

(■ , ▲ , ●)

9 오른쪽은 어떤 모양의 부분을 나타낸 그림입니다. 어떤 모양인지 ○표 하세요.

(■ , ▲ , ●)

10 물감을 묻혀 종이에 찍을 때 나타나는 모양을 찾아 알맞게 이어 보세요.

11 서준이가 설명하는 모양을 찾아 ○표 하세요.

뾰족한 부분 대신에 둥근 부분이 있어.

서준

(■ , ▲ , ●)

12 ■, ▲, ● 모양 중에서 뾰족한 부분이 3군데인 모양을 그려 보세요.

⚡ 추론

13 오른쪽 물건을 종이 위에 대고 본떴을 때 나올 수 <u>없는</u> 모양에 ×표 하세요.

(■ , ▲ , ●)

14 ■, ▲, ● 모양에 대해 <u>잘못</u> 말한 사람은 누구인가요?

· 새미: ■ 모양과 ▲ 모양은 뾰족한 부분이 있어.
· 은수: ■ 모양은 곧은 선이 없고, ● 모양은 곧은 선이 있어.

(   )

3 **여러 가지 모양 만들기**

15 로켓을 만들어 수첩을 꾸미는 데 이용한 모양에 ◯표 하세요.

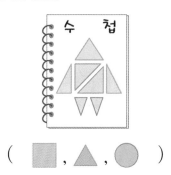

(▨ , ▲ , ●)

16 집과 울타리를 만드는 데 이용하지 <u>않은</u> 모양에 ×표 하세요.

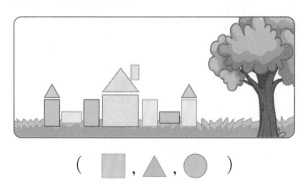

(▨ , ▲ , ●)

17 물고기를 꾸민 모양에서 ▨ 모양을 모두 찾아 색칠해 보세요.

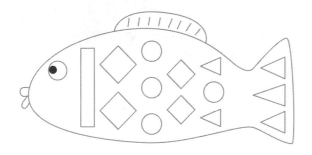

[18~20] ▨ , ▲ , ● 모양으로 기차를 만들었습니다. 물음에 답하세요.

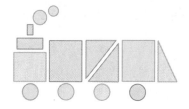

18 기차를 만드는 데 이용한 ▨ 모양은 몇 개인가요?

꼭 단위까지 따라 쓰세요.

(개   )

19 기차를 만드는 데 이용한 ▲ 모양은 몇 개인가요?

(개   )

20 기차를 만드는 데 이용한 ● 모양은 몇 개인가요?

(개   )

🔵 정보처리

21 ▨ , ▲ , ● 모양을 이용하여 주전자를 꾸몄습니다. 가장 적게 이용한 모양에 △표 하세요.

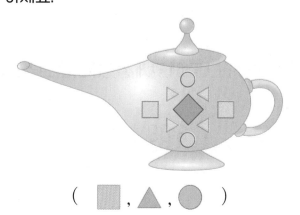

(▨ , ▲ , ●)

3

모양과 시각

63

1 ^{단계} 기본 유형 연습

4 몇 시

22 시계를 보고 몇 시인지 쓰세요.

(1) 　(2)

 시　　 시

23 같은 시각끼리 이어 보세요.

 ·

·

 ·

·

 ·

·

24 주어진 시각에 맞게 짧은바늘을 그려 보세요.

25 짧은바늘이 다음과 같이 가리킬 때의 시각을 시계에 나타내고, 그 시각을 쓰세요.

짧은바늘 ➡ 11

> 꼭 단위까지 따라 쓰세요.

(　　시　)

26 은우가 운동을 하기 시작한 시각을 시계에 나타내 보세요.

나는 1시에 운동을 하기 시작했어.

은우

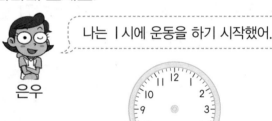

🏅 서술형

27 그림을 보고 시각을 나타내는 말을 넣어 문장을 완성해 보세요.

문장 수미가 _____

_____

5 몇 시 30분

28 6시 30분을 나타내는 시계를 찾아 기호를 쓰세요.

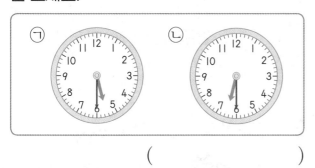

(   )

29 시계를 보고 몇 시 30분인지 쓰세요.

[   ] 시 [   ] 분

30 수혁이와 종국이는 2시 30분에 농구를 하고 있습니다. 알맞은 시각을 찾아 이어 보세요.

•

•   •

31 주어진 시각에 맞게 오른쪽 시계에 긴바늘을 그려 보세요.

32 서아가 수영을 끝마친 시각을 시계에 나타내 보세요.

 나는 7시 30분에 수영을 끝마쳤어.

서아

🔵 실생활 연결

33 친구들이 어제 한 일과 시각을 나타냈습니다. 시각을 시계에 나타낼 때 긴바늘이 6을 가리키는 시각에 한 일을 모두 찾아 쓰세요.

책 읽기   모형 만들기

컴퓨터 게임하기   저녁 먹기

(   )

활용 1 모양 알아보기

	■ 모양	▲ 모양	● 모양
뾰족한 부분	4군데	3군데	없음.
곧은 선	있음.	있음.	없음.

1-1 오른쪽 모형을 본뜬 모양을 찾아 ○표 하세요.

(■ , ▲ , ●)

1-2 설명하는 모양을 찾아 ○표 하세요.

- 음료수 캔에서 찾을 수 있는 모양입니다.
- 뾰족한 부분이 없습니다.

(■ , ▲ , ●)

1-3 꽃게 모양을 만들어 유리창에 붙였습니다. 꽃게 모양을 만드는 데 뾰족한 부분이 4군데이고 곧은 선이 4개 있는 모양을 몇 개 이용했나요?

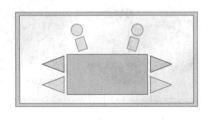

( )

활용 2 설명하는 시각 알아보기

- ●시 → ┌ 짧은바늘: ●
         └ 긴바늘: 12
- ●시 30분
  → ┌ 짧은바늘: ●와 (●＋1)의 가운데
     └ 긴바늘: 6

2-1 건우가 말하는 시각을 쓰세요.

짧은바늘이 6, 긴바늘이 12를 가리키고 있어요.

건우

( )

2-2 현서가 말하는 시각을 쓰세요.

짧은바늘이 10, 긴바늘이 12를 가리키고 있어요.

현서

( )

2-3 소윤이가 말하는 시각을 쓰세요.

짧은바늘이 3과 4의 가운데, 긴바늘이 6을 가리키고 있어요.

소윤

( )

활용
3
모양 조각을 모두 이용하여 만든 것 찾기

주어진 모양 조각과 만든 모양의 개수가 같은 것을 찾습니다.

3-1 주어진 모양 조각을 모두 이용하여 만든 것의 기호를 쓰세요.

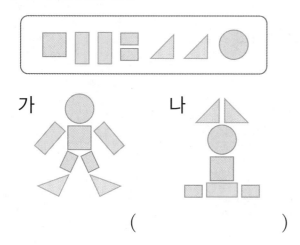

( )

3-2 주어진 모양 조각을 모두 이용하여 만든 것끼리 이어 보세요.

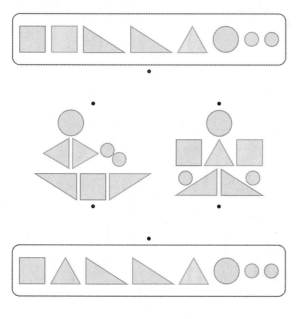

활용
4
시각의 순서 알아보기

순서에 따라 먼저 도착하면 빠른 시각이고, 나중에 도착하면 늦은 시각입니다.

4-1 진우와 승희가 낮에 놀이터에 온 시각입니다. 더 늦게 온 사람은 누구인가요?

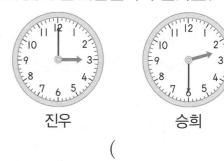

진우　　　　승희

( )

4-2 우재와 진서가 아침에 학교에 도착한 시각입니다. 더 먼저 온 사람은 누구인가요?

우재　　　　진서

( )

4-3 민주, 유준, 성민이가 토요일 아침에 일어난 시각입니다. 가장 먼저 일어난 사람은 누구인가요?

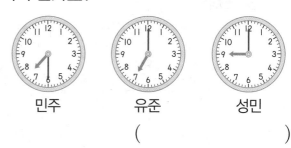

민주　　　유준　　　성민

( )

2 ^{단계} 실력 유형 연습

1 ■ 모양에 □표, ▲ 모양에 △표, ● 모양에 ○표 하세요.

(   ) (   ) (   )

2 지호가 낮에 축구를 시작한 시각과 마친 시각을 나타낸 것입니다. □ 안에 알맞은 수를 써넣으세요.

시작한 시각   마친 시각

축구를 □시 □분에 시작하여 □시에 마쳤습니다.

3 같은 모양의 교통 표지판끼리 모두 모아 기호를 쓰세요.

■ 모양	▲ 모양	● 모양

4 오른쪽은 어떤 물건을 본뜬 그림의 일부분입니다. 본뜬 물건이 될 수 있는 것을 모두 찾아 기호를 쓰세요.

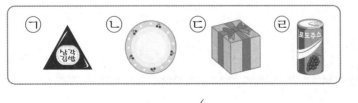

(   )

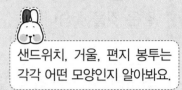

샌드위치, 거울, 편지 봉투는 각각 어떤 모양인지 알아봐요.

색깔이나 크기에 관계없이 같은 모양끼리 모아요.

3

모양과 시각

68

5 설명하는 모양을 찾아 알맞게 이어 보세요.

뾰족한 부분이 없습니다.	뾰족한 부분이 3군데 있습니다.

· ·

· · ·

■ 모양	▲ 모양	● 모양

⚡ 추론

6 오른쪽 도화지를 점선을 따라 모두 잘
랐을 때 ▲ 모양은 몇 개 생기나요?

(   )

Ⓢ솔루션

7 지유는 ■, ▲, ● 모양 붙임딱지로 자동차의 창문을 꾸몄습
니다. 가장 많이 이용한 모양에 ○표 하세요.

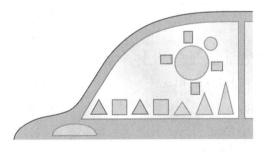

(■ , ▲ , ●   )

자동차의 창문을 꾸미는 데
이용한 모양의 수를 각각 세
어 수를 비교해요.

8 오른쪽 성냥개비로 만든 모양에서
▲ 모양은 ■ 모양보다 몇 개 더 많
은가요?

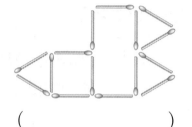

(   )

모양의 개수를 셀 때에는 각
모양별로 다른 표시를 하면서
세어 봐요.

9 시곗바늘이 바르게 그려진 시계를 모두 찾아 ○표 하세요.

(   ) (   ) (   ) (   )

10 오른쪽 시각은 은수가 신데렐라 영화를 보기 위
해 극장에 도착한 시각입니다. 은수가 볼 수 있
는 상영 시각을 쓰세요.

은수가 극장에 도착한 시각을
알아보고 그 이후의 시각을
찾아 봐요.

〈신데렐라 상영 시간표〉	
l회 ll:30	2회 l:30
3회 3:30	4회 5:30

(   )

11 민아는 2시에 숙제를 시작하여 2시 30분에 마쳤습니다. 숙제
의 시작 시각과 마침 시각을 각각 시계에 나타내 보세요.

시작 시각   마침 시각

'몇 시'와 '몇 시 30분'의 긴바
늘의 위치는 어떻게 다른지
생각해 봐요.

12 다음 중 ▇ 모양과 ● 모양을 둘 다 찾을 수 있는 국기는 모두 몇 개인가요?

대한민국

쿠웨이트

라오스

체코

(   )

13 ● 모양을 ▲ 모양보다 더 많이 이용하여 만든 모양의 기호를 쓰세요.

가

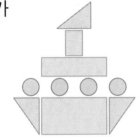

나

(   )

먼저 가와 나에 각각 이용한 ● 모양과 ▲ 모양의 수를 세어 봐요.

3

모양과 시각

71

먼저 각 경기를 치른 시각을 알아봐요.

🔵 **실생활 연결**

14 정호는 아침에 아버지와 함께 철인 3종 경기에 출전했습니다. 가장 먼저 치른 경기는 무엇인지 기호를 쓰세요.

(   )

심화
1

모양의 개수 비교하기
구하려는 모양의 개수를 먼저 세어 보자!

◆ 주어진 초콜릿에서 ■ 모양은 ● 모양보다 몇 개 더 많은지 구하세요.

문제해결

1 ■ 모양과 ● 모양의 수를 각각 세어 보세요.

■ 모양 (   ),

● 모양 (   )

2 ■ 모양은 ● 모양보다 몇 개 더 많은지 구하세요.

(   )

⚖ 쌍둥이

1-1 주어진 모양 조각에서 ■ 모양은 ▲ 모양보다 몇 개 더 적은지 구하세요.

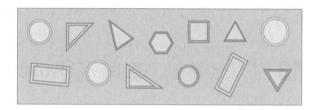

답 _____

💡 변형

1-2 주어진 접시 모양에서 가장 많은 모양은 가장 적은 모양보다 몇 개 더 많은지 구하세요.

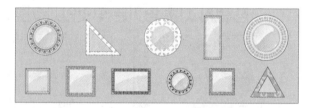

 답 _____

심화 2 필요한 모양의 개수 구하기

똑같은 모양 1개를 만드는 데 필요한 개수를 먼저 구하자!

◆ 선영이는 오른쪽과 똑같은 인형 모양을 **2**개 만들려고 합니다. ⬤ 모양은 몇 개 필요한가요?

문제해결

1 똑같은 인형 모양 **1**개를 만드는 데 필요한 ⬤ 모양은 몇 개인가요?

( )

2 똑같은 인형 모양 **2**개를 만들려면 ⬤ 모양은 몇 개 필요한가요?

( )

쌍둥이

2-1 지훈이는 다음과 똑같은 배 모양 **2**개를 만들려고 합니다. ⬛ 모양은 몇 개 필요한가요?

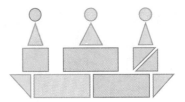

답 _____

변형

2-2 민정이는 다음과 똑같은 집 모양 **3**개를 만들려고 합니다. ⬤ 모양은 ▲ 모양보다 몇 개 더 필요한가요?

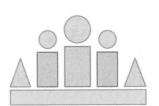

답 _____

심화 3

색종이를 잘랐을 때 나오는 모양의 개수 구하기

접은 후 펼쳤을 때 접힌 선을 색종이에 표시해 보자!

◆ 수지는 색종이를 그림과 같이 3번 접은 후 펼쳐서 접힌 선을 따라 모두 잘랐습니다. ■, ▲, ● 모양 중에서 어떤 모양이 몇 개 나오나요?

문제해결

1️⃣ 색종이를 3번 접은 후 펼친 것입니다. 접힌 선을 점선(----)으로 모두 표시해 보세요.

2️⃣ 접힌 선을 따라 모두 잘랐을 때 어떤 모양이 몇 개 나오나요?

(   ), (   )

⚖️ 쌍둥이

3-1 민성이는 색종이를 그림과 같이 3번 접은 후 펼쳐서 접힌 선을 따라 모두 잘랐습니다. ■, ▲, ● 모양 중에서 어떤 모양이 몇 개 나오나요?

답 _____, _____

💡 변형

3-2 로하는 색종이를 그림과 같이 3번 접은 후 빨간색 선을 따라 잘랐습니다. ■ 모양이 몇 개 나오나요?

▶동영상

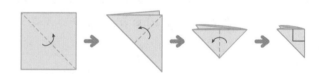

답 _____

심화 4

크고 작은 모양의 수 구하기

작은 도형을 모아 큰 도형을 만들 수 있어!

◆ 오른쪽 그림에서 찾을 수 있는 크고 작은 ▨ 모양은 모두 몇 개인가요?

문제해결

1 ▨ 모양은 몇 개인가요?

( )

2 ▭ 모양은 몇 개인가요?

( )

3 주어진 그림에서 찾을 수 있는 크고 작은 ▨ 모양은 모두 몇 개인가요?

( )

⚖ 쌍둥이

4-1 오른쪽 그림에서 찾을 수 있는 크고 작은 ▲ 모양은 모두 몇 개인가요?

답 _____

💡 변형

4-2 오른쪽 그림에서 찾을 수 있는 크고 작은 ▲ 모양은 모두 몇 개인가요?

▶ 동영상

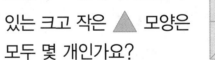

답 _____

3

모양과 시각

심화 5

설명하는 시각 구하기

조건에 맞는 시각을 차례로 구해서 범위를 좁히자!

◆ 설명하는 시각을 구하세요.

> • 시계의 긴바늘은 6을 가리킵니다.
> • 짧은바늘은 시계에서 가장 큰 수와 가장 작은 수의 가운데를 가리키고 있습니다.

문제해결

1 시계의 긴바늘이 6을 가리키는 시각에 ○표 하세요.

(몇 시 , 몇 시 30분)

2 짧은바늘은 어떤 수와 어떤 수의 가운데를 가리키고 있나요?

( )와/과 ( )의 가운데

3 설명하는 시각을 구하세요.

( )

쌍둥이

5-1 설명하는 시각을 구하세요.

> • 시계의 긴바늘은 12를 가리킵니다.
> • 짧은바늘은 7보다 크고 9보다 작은 수를 가리키고 있습니다.

답 _____

변형

5-2 설명하는 시각을 구하세요.

▶ 동영상

> • 시계의 긴바늘은 12를 가리킵니다.
> • 3시 30분과 6시 30분 사이의 시각입니다.
> • 시계의 긴바늘과 짧은바늘은 서로 반대 방향을 가리키고 있습니다.

답 _____

심화 6

바늘이 숫자를 가리킨 횟수 구하기

긴바늘이 6 또는 12를 가리킬 때의 시각을 알자!

◆ 오늘 낮에 연준이가 한 야구 연습의 시작 시각과 마침 시각입니다. 연준이가 야구 연습을 하는 동안 시계의 긴바늘은 12를 모두 몇 번 가리켰나요?

시작 시각   마침 시각

문제해결

1 야구 연습의 시작 시각을 쓰세요.

(   )

2 야구 연습의 마침 시각을 쓰세요.

(   )

3 시계의 긴바늘이 12를 가리키는 시각에 ○표 하세요.

(몇 시 ,   몇 시 30분   )

4 연준이가 야구 연습을 하는 동안 시계의 긴바늘은 12를 모두 몇 번 가리켰나요?

(   )

 쌍둥이

6-1 주원이와 아빠가 등산을 하러 집에서 출발한 시각과 집에 도착한 시각입니다. 등산을 갔다 온 동안 시계의 긴바늘은 6을 모두 몇 번 가리켰는지 구하세요.

출발한 시각   도착한 시각

답

변형

6-2 연우는 어젯밤 10시에 잠을 자서 오늘 아침 7시에 일어났습니다. 연우가 잠을 자는 동안 시계의 짧은바늘과 긴바늘은 6을 모두 몇 번 가리켰나요?

답

3

모양과 시각

1 왼쪽은 어떤 모양의 일부분입니다. 지유가 선풍기를 만든 모양에서 왼쪽 모양 은 모두 몇 개 있나요?

■, ▲, ● 모양을 모두 이용하여 선풍기를 만들었어.

지유

(   )

2 지호와 하린이가 설명하는 시각을 쓰세요.

시계의 짧은바늘이 가장 작은 수를 가리키고 있어.

시계의 긴바늘은 가장 큰 수를 가리키고 있어.

지호

하린

(   )

3 오른쪽 그림은 ■, ▲, ● 모양을 이용하여 탈을 꾸 민 것입니다. 뾰족한 부분이 3군데인 모양은 뾰족한 부 분이 없는 모양보다 몇 개 더 많은가요?

(   )

4 🔆 추론

▶ 동영상

시계의 긴바늘은 6을 가리키고 짧은바늘은 합이 9인 두 수의 가운데를 가리킬 때 시계가 나타내고 있는 시각을 구하세요.

(   )

5 ▶ 동영상

민수와 소혜가 가지고 있는 물건입니다. ▢, ▲, ● 모양 중에서 두 사람이 모두 가지고 있는 모양만 이용하여 꾸민 동물은 여우와 고양이 중 무엇인가요?

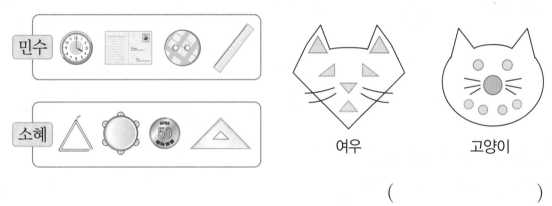

여우   고양이

(   )

6 ▶ 동영상

미현이가 낮에 한 일을 나타낸 것입니다. 거울에 비친 시계를 보고 먼저 한 일부터 순서대로 쓰세요.

책 읽기   점심 식사   수영 배우기

(,   ,   )

BOOK❷ 10~13쪽에서 경시대회 문제 도전!

1 왼쪽과 같은 모양에 ○표 하세요.

2 시각이 <u>다른</u> 하나를 찾아 기호를 쓰세요.

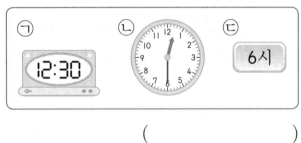

(   )

3

모양과 시각

80

3 오른쪽 물건과 모양이 같은 것을 모두 찾아 기호를 쓰세요.

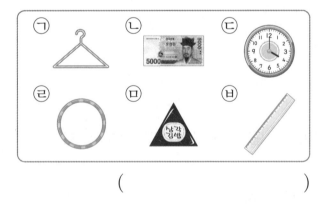

(   )

4 시계의 짧은바늘이 6을 가리키는 시각은 어느 것인가요? (   )

① 1시   ② 3시

③ 6시   ④ 6시 30분

⑤ 10시 30분

5 오른쪽 사람 모양을 만드는 데 이용하지 <u>않은</u> 모양에 ×표 하세요.

(■ , ▲ , ●)

6 왼쪽은 물건을 본뜬 그림의 일부분입니다. 알맞게 이어 보세요.

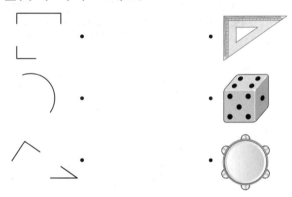

7 오른쪽 오징어 모양을 만드는 데 이용한 ■, ▲, ● 모양의 수를 각각 세어 보세요.

	■ 모양	▲ 모양	● 모양
수(개)			

8 나무 조각에 물감을 묻혀 찍을 때 나올 수 있는 모양을 모두 찾아 ○표 하세요.

(■ , ▲ , ●)

9 두 사람이 설명하는 모양에 ○표 하세요.

> • 종수: 뾰족한 부분이 있어.
> • 보라: 과 같은 모양이야.

()

 서술형

10 영훈이가 손목 시계를 보고 시각을 읽었습니다. 잘못된 점을 찾아 까닭을 쓰고, 시각을 바르게 읽어 보세요.

까닭 _____

_____

바르게 읽기 _____

11 지민이네 가족이 일요일 아침에 일어난 시각입니다. 가장 늦게 일어난 사람은 누구인가요?

지민   어머니   아버지

( )

12 색종이를 그림과 같이 접은 후 점선을 따라 잘랐습니다. 잘린 색종이를 펼쳤을 때 나오는 🔺 모양은 모두 몇 개인가요?

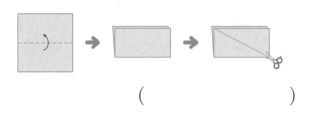

( )

13 다음 그림에서 찾을 수 있는 크고 작은 ▢ 모양은 모두 몇 개인가요?

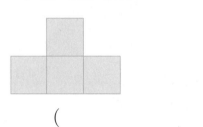

( )

🖊 서술형

14 화분에 식물을 ▢, 🔺, ⬤ 모양으로 만들었습니다. 뾰족한 부분이 4군데인 모양은 뾰족한 부분이 3군데인 모양보다 몇 개 더 많은지 풀이 과정을 쓰고 답을 구하세요.

풀이 _____

_____

_____

답 _____

3

모양과 시각

81

4.

덧셈과
뺄셈(2)

이전에 배운 내용 _____ 1–2

❖ 덧셈과 뺄셈 (1)

- 세 수의 덧셈 / 세 수의 뺄셈
- 10이 되는 더하기
- 10에서 빼기
- 10을 만들어 더하기

4단원의 대표 심화 유형

큐알 코드를 찍으면 개념 학습 영상과 문제 풀이 영상도 보고, 수학 게임도 할 수 있어요.

이번에 배울 내용 _____ 1–2

❖ 덧셈과 뺄셈 (2)

- 덧셈 알아보기 / 덧셈하기
- 여러 가지 덧셈하기
- 뺄셈 알아보기 / 뺄셈하기
- 여러 가지 뺄셈하기

이후에 배울 내용 _____ 1–2

❖ 덧셈과 뺄셈 (3)

- 받아올림이 없는 (몇십몇)+(몇) / (몇십)+(몇십) / (몇십몇)+(몇십몇)
- 받아내림이 없는 (몇십몇)−(몇) / (몇십)−(몇십) / (몇십몇)−(몇십몇)

개념 1 덧셈 알아보기

예 참새는 8마리, 까치는 5마리일 때 새는 모두 몇 마리인지 구하기

방법 1 이어 세기로 구하기

○○○○○○○○●●●●●
　　　　　　　　8 9 10 11 12 13

바둑돌 8개에서 9, 10, 11, 12, **13**이라고 이어 세었습니다.

➔ 8+5=13

방법 2 십 배열판에 그려 구하기

○를 **8**개 그리고 △를 **2**개 그려 **10**을 만들고, △를 **3**개 더 그려 **13**이 되었습니다.

➔ 8+5=**13**

십 배열판에 ○를
모두 채우면 10이야.

개념 2 덧셈하기 → (몇)+(몇)=(십몇)

예 6+7의 계산

방법 1 **6**과 더하여 **10**을 만들어 구하기

6+7=13
　　 ↙ ↘
　 4　 3

7을 **4**와 **3**으로 가르기하여 **6**과 **4**를 더해 **10**을 만들고 남은 **3**을 더하면 **13**이 됩니다.

방법 2 **7**과 더하여 **10**을 만들어 구하기

6+7=13
↙ ↘
3　 3

6을 **3**과 **3**으로 가르기하여 **7**과 **3**을 더해 **10**을 만들고 남은 **3**을 더하면 **13**이 됩니다.

방법 3 **5**와 **5**를 더하여 **10**을 만들어 구하기

6 + 7 = 13
↙ ↘ ↙ ↘
5　 1 5　 2

6과 7을 모두 가르기하여 **5**와 **5**를 더해 **10**을 만들고 남은 **1**과 **2**를 더하면 **13**이 됩니다.

개념 3 여러 가지 덧셈하기

5+6=11
5+7=12
5+8=13

더해지는 수는 그대로이고 더하는 수가 1씩 커지면 합도 1씩 커집니다.

9+7=16
8+7=15
7+7=14

더하는 수는 그대로이고 더해지는 수가 1씩 작아지면 합도 1씩 작아집니다.

6+8=14
8+6=14

더해지는 수와 더하는 수를 바꾸어 더해도 합은 같습니다.

개념 4 뺄셈 알아보기

1. 남은 개수 구하기

(예) 젤리 12개 중 5개를 먹었을 때 남은 젤리는 몇 개인지 구하기

(방법 1) 거꾸로 세어 구하기

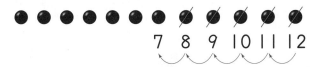

12부터 11, 10, 9, 8, **7**로 **거꾸로 세었습니다.** ➡ 12−5=7

(방법 2) 연결 모형으로 구하기

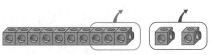

연결 모형 12개 중 **낱개 2개를 빼고 10개씩 묶음에서 3개를 더 빼었더니** 7개가 남았습니다.

➡ 12−5=7

2. 몇 개 더 많은지 구하기

(예) 배가 13개, 사과가 6개 있을 때 배는 사과보다 몇 개 더 많은지 구하기

(방법 1) 하나씩 짝 지어 구하기

검은색 바둑돌이 **7개 더 많습니다.**

➡ 13−6=7

(방법 2) 연결 모형으로 구하기

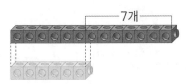

연결 모형이 **7개만큼** 차이가 납니다.

➡ 13−6=7

개념 5 뺄셈하기 → (십몇)−(몇)=(몇)

(예) 13−7의 계산

(방법 1) **낱개를 먼저** 빼기 → 13에서 3을 먼저 빼기

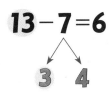

7을 3과 4로 가르기하여 13에서 3을 빼고, 4를 더 빼야 해.

→ 10에서 한 번에 7을 빼기

(방법 2) **10개씩 묶음에서 한 번에** 빼기

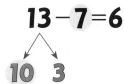

13을 10과 3으로 가르기하여 10에서 7을 빼고 남은 3을 더해야 해.

개념 6 여러 가지 뺄셈하기

13−7=6	빼는 수는 그대로이고 빼지는 수가 1씩 커지면 차도 1씩 커집니다.
14−7=7	
15−7=8	

12−6=6	빼지는 수는 그대로이고 빼는 수가 1씩 작아지면 차는 1씩 커집니다.
12−5=7	
12−4=8	

11−4=7	빼지는 수와 빼는 수가 모두 1씩 커지면 차는 같습니다.
12−5=7	
13−6=7	

1 덧셈 알아보기

1 요구르트병은 모두 몇 개인지 두 가지 방법으로 구하세요.

 요구르트병 7개가 있는데 4개를 더 사 왔어.

방법1 이어 세어 구하기

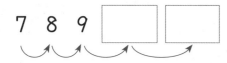

7 8 9 ☐ ☐

➡ 요구르트병은 모두 ☐ 개입니다.

방법2 더 가져온 요구르트병의 수만큼 △를 그려 구하기

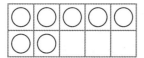 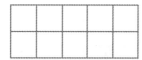

➡ 요구르트병은 모두 ☐ 개입니다.

2 쿠키는 모두 몇 개인지 ◯를 그려 구하세요.

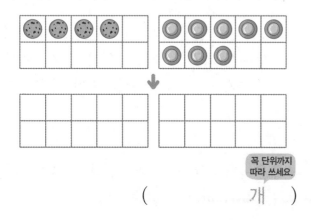

꼭 단위까지 따라 쓰세요.

(____ 개)

3 깡통은 모두 몇 개인지 구하세요.

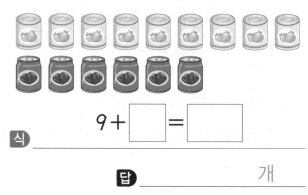

식 9 + ☐ = ☐

_____

답 ____ 개

🌀 실생활 연결

4 달걀을 10칸인 판 한 개에 가득 담았더니 남은 달걀이 7개였습니다. 달걀은 모두 몇 개인지 구하세요.

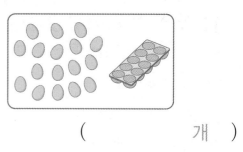

(____ 개)

5 하린이와 도윤이가 모은 페트병은 모두 몇 개인지 구하세요.

나는 페트병 7개를 모았어.

나도 너와 같은 개수만큼 모았어.

하린   도윤

식 ☐ + ☐ = ☐

_____

답 ____ 개

2 덧셈하기

6 그림을 보고 □ 안에 알맞은 수를 써넣으세요.

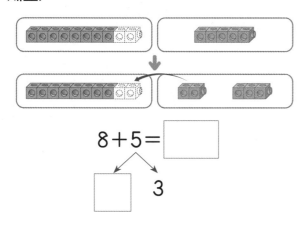

$$8+5=\boxed{}$$

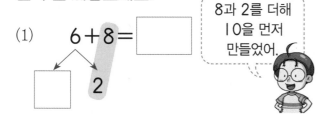

7 6+8을 계산하려고 합니다. □ 안에 알맞은 수를 써넣으세요.

(1) $6+8=\boxed{}$

8과 2를 더해 10을 먼저 만들었어.

(2) $6+8=\boxed{}$

6과 4를 더해 10을 먼저 만들었어.

8 □ 안에 알맞은 수를 써넣으세요.

$$7 + 6 = \boxed{}$$

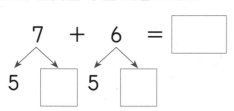

9 덧셈을 하세요.

(1) $5+9$

(2) $3+8$

 문제 해결

10 태형이가 스티커를 6개 붙인 다음 스티커를 더 붙여 빈칸을 모두 채웠습니다. 태형이가 붙인 스티커는 모두 몇 개인지 □ 안에 알맞은 수를 써넣어 구하세요.

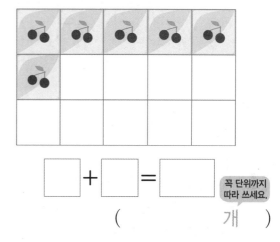

$$\boxed{} + \boxed{} = \boxed{}$$

꼭 단위까지 따라 쓰세요.

(　　　개 　　　)

11 계산 결과가 16인 것을 찾아 기호를 쓰세요.

| ㉠ 9+5　 ㉡ 5+7　 ㉢ 8+8 |

(　　　　　　　　　)

12 크기를 비교하여 ○ 안에 >, =, <를 알맞게 써넣으세요.

| 4+7 | ○ | 12 |

정보처리

13 빈칸과 같은 색 주머니에서 수를 골라 그칸 에 써넣어 덧셈식을 완성해 보세요.

$$\boxed{4} + \boxed{8} = \boxed{12}$$

$$\boxed{7} + \boxed{} = \boxed{}$$

$$\boxed{} + \boxed{} = \boxed{}$$

14 수족관에 돌고래 6마리, 펭귄 5마리가 있 습니다. 수족관에 있는 돌고래와 펭귄은 모 두 몇 마리인가요?

식 _____

꼭 단위까지 따라 쓰세요.

답 _____ 마리

15 냉장고에 흰 우유 6개가 있었는데 초코우 유 6개를 더 넣었습니다. 냉장고 안에 있는 우유는 모두 몇 개인가요?

식 _____

답 _____ 개

---

3 여러 가지 덧셈하기

16 덧셈을 하고 알게 된 점을 쓰세요.

$$7+3=\boxed{}$$

$$7+4=\boxed{}$$

$$7+5=\boxed{}$$

알게 된 점을 따라 쓰세요.

알게 된 점 더하는 수가 $\boxed{}$ 씩 커지므로

합도 $\boxed{}$ 씩 커집니다.

17 빈칸에 알맞은 수를 써넣으세요.

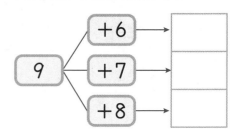

18 합이 같은 것끼리 이어 보세요.

덧셈과 뺄셈 (2)

19 다은이가 말한 덧셈과 합이 같은 식을 모두 찾아 색칠해 보세요.

7+9

다은

9+5			
9+6	8+6		
9+7	8+7	7+7	
9+8	8+8	7+8	6+8

⚡ 추론

20 2부터 9까지의 수 중에서 서로 다른 2개의 수를 뽑아 합이 14가 되는 덧셈식 2개를 쓰세요.

□ + □ = 14

□ + □ = 14

21 □ 안에 알맞은 수를 써넣고, 두 수의 합이 작은 식부터 순서대로 이어 보세요.

시작
5+6=11

7+5=□   5+8=□

5+9=□

4 **뺄셈 알아보기**

22 남은 선인장은 몇 개인지 선물한 선인장의 수만큼 거꾸로 세어 구하려고 합니다. □ 안에 알맞은 수를 써넣으세요.

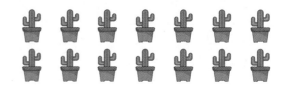

선인장 14개 중 5개를 선물했어.

			12	13	14

➡ 남은 선인장은 □ 개입니다.

23 보라색 구슬과 초록색 구슬 중 어느 것이 몇 개 더 많은지 구하려고 합니다. □ 안에 알맞은 수나 말을 써넣으세요.

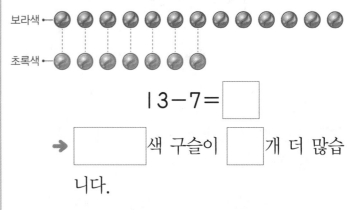

13−7=□

➡ □ 색 구슬이 □ 개 더 많습니다.

24 딸기 16개 중 8개를 먹으려고 합니다. 남는 딸기는 몇 개인지 구하세요.

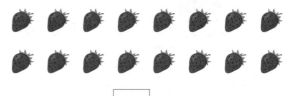

➡ 남는 딸기는 □ 개입니다.

4

덧셈과 뺄셈 (2)

89

25 도넛은 컵보다 몇 개 더 많은지 ◯를 컵의 수만큼 /으로 지우고, ☐ 안에 알맞은 수를 써넣으세요.

 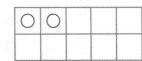

$$12-4=\boxed{}$$

26 노란색 풍선은 빨간색 풍선보다 몇 개 더 많은지 구하세요.

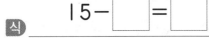

식 $15-\boxed{}=\boxed{}$

> 꼭 단위까지 따라 쓰세요.

답 ＿＿＿＿＿＿＿ 개

 의사소통

27 분리배출하고 남는 음료수병의 수를 구하세요.

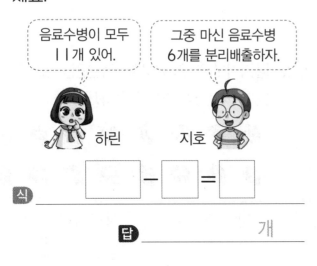

음료수병이 모두 11개 있어.

그중 마신 음료수병 6개를 분리배출하자.

하린　　지호

식 $\boxed{}-\boxed{}=\boxed{}$

답 ＿＿＿＿＿＿＿ 개

5 뺄셈하기

28 그림을 보고 ☐ 안에 알맞은 수를 써넣으세요.

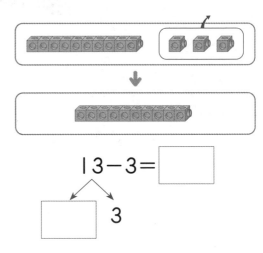

$$13-3=\boxed{}$$

$\boxed{}$ ↙ ↘ 3

29 ☐ 안에 알맞은 수를 써넣으세요.

(1) $15-7=\boxed{}$

5 $\boxed{}$

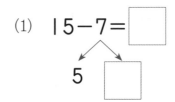
15에서 먼저 5를 빼서 구했어.

(2) $17-8=\boxed{}$

10 $\boxed{}$

10에서 8을 한 번에 빼서 구했어.

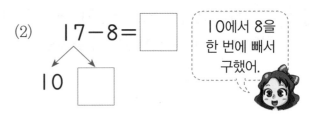

30 뺄셈을 하세요.

(1) $16-9$　　(2) $11-5$

31 두 수의 차를 빈칸에 써넣으세요.

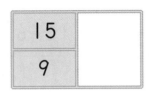

32 차를 구하여 이어 보세요.

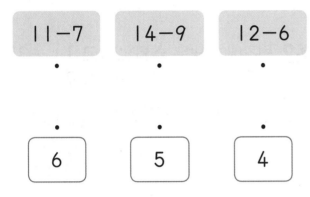

33 지우개가 16개, 가위가 8개 있습니다. 지우개는 가위보다 몇 개 더 많은가요?

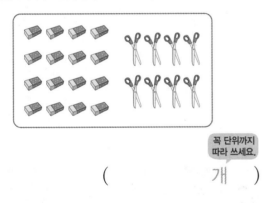

꼭 단위까지 따라 쓰세요.

(　　　　 개 　　　)

34 12−5를 계산하여 정해진 색으로 칠하려고 합니다. 무슨 색으로 칠해야 하나요?

(　　　　　　)

35 차가 더 큰 식의 기호를 쓰세요.

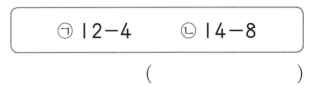

(　　　　　　)

🖊 문제 해결

36 승호가 가지고 있던 동화책 13권 중 4권을 알뜰 서점에 팔았습니다. 남은 동화책은 몇 권인가요?

식

답 　　　　　　 권

🖊 문제 해결

37 캐릭터 카드를 소현이는 15장 가지고 있고, 은성이는 8장 가지고 있습니다. 소현이는 은성이보다 캐릭터 카드를 몇 장 더 많이 가지고 있나요?

식

답 　　　　　　 장

6 여러 가지 뺄셈하기

38 빈칸에 알맞은 수를 써넣으세요.

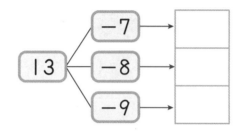

41 차가 6인 식을 모두 찾아 ○표 하세요.

11-5	12-6	13-8

(   ) (   ) (   )

[39~40] 뺄셈식을 보고 물음에 답하세요.

15-9=6	
15-8= ☐	16-9= ☐
15-7= ☐	17-9= ☐
15-6= ☐	18-9= ☐

39 위 ☐ 안에 알맞은 수를 써넣으세요.

42 빈칸에 알맞은 수를 써넣고 11-3과 차가 같은 식을 모두 찾아 쓰세요.

11-2	11-3	11-4	11-5
9	8	7	6
	12-3	12-4	12-5
		13-4	13-5
		9	
			14-5
			9

(   )

40 위 뺄셈식을 보고 알게 된 점을 바르게 설명한 것의 기호를 쓰세요.

> ㉠ 빼지는 수는 그대로이고 빼는 수가 1씩 작아지면 차는 1씩 커집니다.
> ㉡ 빼는 수는 그대로이고 빼지는 수가 1씩 커지면 차는 1씩 작아집니다.

(   )

⚡ 추론

43 차가 5가 되도록 ☐ 안에 알맞은 수를 써넣으세요.

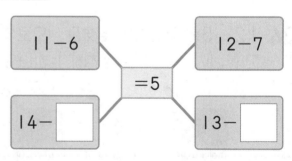

1단계 기본 유형 완성

활용 1 옆으로 덧셈(뺄셈)식이 되는 세 수 찾아보기

나란히 놓인 두 수의 합이나 차가 바로 오른쪽 수가 되는 것을 찾아 합은 $\square + \square = \square$ 표, 차는 $\square - \square = \square$ 표 해 봅니다.

1-1 옆으로 덧셈식이 되는 세 수를 찾아 $\square + \square = \square$ 표 해 보세요.

(7 + 4 = 11)			9
5	6	8	14
9	7	16	3

1-2 옆으로 뺄셈식이 되는 세 수를 찾아 $\square - \square = \square$ 표 해 보세요.

19	(14	− 9	= 5)
15	8	7	4
9	12	6	6

1-3 옆으로 덧셈식이 되는 세 수를 찾아 $\square + \square = \square$ 표 해 보세요.

(9 + 8 = 17)			6
7	5	12	8
3	5	6	11
4	7	8	15

활용 2 보이지 않는 수 구하기

보이지 않는 수를 $\square$라 놓고 보이는 수와 모으기하여 주어진 합이 되는 수 $\square$를 찾습니다.

2-1 종이가 찢어져서 수가 보이지 않습니다. 보이지 않는 수를 구하세요.

$$8 + \square = 11$$

(   )

2-2 종이가 찢어져서 수가 보이지 않습니다. 보이지 않는 수를 구하세요.

$$\square + 6 = 15$$

(   )

2-3 두 종이에 적힌 덧셈의 합은 같습니다. 잉크가 묻은 종이의 보이지 않는 수를 구하세요.

$$5 + \square \qquad 7 + 7$$

(   )

4

덧셈과 뺄셈 (2)

활용 3 □ 안에 들어갈 수 있는 수 구하기

먼저 주어진 식을 계산하고 □ 안에 들어갈 수 있는 수를 찾아봅니다.

예 · $5 > □$ 일 때: □ 안에는 5보다 작은 수가 들어갈 수 있습니다.
  · $5 < □$ 일 때: □ 안에는 5보다 큰 수가 들어갈 수 있습니다.

3-1 □ 안에 들어갈 수 있는 수 중에서 가장 작은 수를 구하세요.

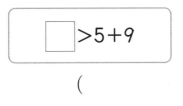

$$□ > 5 + 9$$

( )

3-2 □ 안에 들어갈 수 있는 수 중에서 가장 작은 수를 구하세요.

$$□ > 15 - 8$$

( )

3-3 □ 안에 들어갈 수 있는 수 중에서 가장 큰 수를 구하세요.

$$□ < 8 + 8$$

( )

활용 4 남은 개수 구하기

전체 개수를 구한 다음 10과 몇으로 가르기하여 남은 개수를 구합니다.

4-1 승원이는 파란색 색종이 4장과 노란색 색종이 9장을 가지고 있습니다. 승원이가 색종이 3장을 사용하였습니다. 남은 색종이는 몇 장인가요?

( )

4-2 노란색 구슬 7개와 초록색 구슬 8개가 있습니다. 그중 구슬 5개를 동생에게 주었다면 남은 구슬은 몇 개인가요?

( )

4-3 빨간색 모자 5개와 초록색 모자 6개가 있습니다. 그중 모자 10개를 나눔 장터에 팔았다면 남은 모자는 몇 개인가요?

( )

2단계 실력 유형 연습

1 △ 안에 있는 수의 합을 구하세요.

(   )

2 그림을 보고 뺄셈식으로 나타내 보세요.

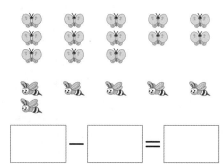

$$\boxed{} - \boxed{} = \boxed{}$$

3 빈칸에 알맞은 수를 써넣으세요.

	11	12	13	14
−5				

 문제 해결

4 상혁이가 밭에서 오이 5개, 무 8개를 가져왔습니다. 밭에서 가져온 오이와 무는 모두 몇 개인가요?

(   )

S 솔루션

나비와 벌이 각각 몇 마리 있는지 세어 봐요.

빼지는 수와 빼는 수 5 사이의 관계를 알아봐요.

 모두 몇 개인지 구하려면 덧셈식으로 나타내요.

4

덧셈과 뺄셈 (2)

5 합이 I2인 식을 모두 찾아 ○표 하세요.

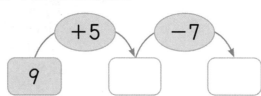

| 6+6 | 4+9 | 5+7 | 8+3 |

(   ) (   ) (   ) (   )

덧셈을 먼저 계산하고 합이 12인 것을 찾아봐요.

6 빈칸에 알맞은 수를 써넣으세요.

9 → +5 → ☐ → −7 → ☐

앞에서부터 차례대로 계산해 봐요.

7 가장 큰 수와 가장 작은 수의 차를 구하세요.

| I3   5   9   I2 |

(   )

수를 순서대로 썼을 때 뒤에 있을수록 큰 수예요.

8 윤재는 풍선을 I4개 가지고 있었는데 그중에서 5개가 날아갔습니다. 윤재에게 남아 있는 풍선은 몇 개인가요?

 _____

 _____

4

덧셈과 뺄셈 (2)

9 차가 <u>다른</u> 식을 찾아 기호를 쓰세요.

> ㉠ 12−4   ㉡ 15−7   ㉢ 16−9

(   )

먼저 15−9의 값을 구해요.

🖊 문제 해결

10 15−9와 차가 같은 식을 모두 찾아 ○표 하세요.

13−8	14−8	13−5
11−3	14−7	12−6

4

덧셈과 뺄셈 (2)

97

11 두 수의 합이 작은 것부터 순서대로 이어 보세요.

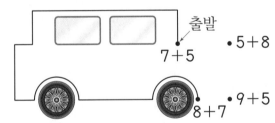

출발

7+5   •5+8

•9+5

8+7

😊 의사소통

12 시후가 사용한 색종이는 몇 장인지 구하세요.

색종이 10장 중 5장을 종이접기에 사용했어.

나는 12장을 가지고 있었는데 사용하고 남은 색종이의 수가 너와 같아.

다은   시후

(   )

먼저 다은이가 사용하고 남은 색종이의 수를 구해 봐요.

13 사다리를 타고 내려간 빈칸에 계산 결과를 써넣으세요.

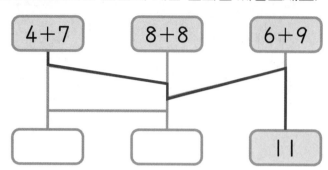

솔루션

사다리 타기는 세로 선을 따라 내려가다가 가로로 놓인 선을 만나면 가로 선을 따라 가야 해요.

14 어떤 수에 8을 더했더니 17이 되었습니다. 어떤 수는 얼마인지 구하세요.

(   )

8과 모으기하면 17이 되는 수를 알아봐요.

15 두 수의 차가 더 작은 것의 기호를 쓰세요.

| ㉠ 14, 7 | ㉡ 11, 6 |

(   )

 추론

16 점의 수의 합이 같도록 점을 그리고, ☐ 안에 알맞은 수를 써넣으세요.

먼저 각각의 점의 수를 세어 수로 나타내 더해 봐요.

$6+8=$ ☐ $5+$ ☐ $=$ ☐

17 주차장에 자동차가 7대 있었는데 5대가 더 들어왔습니다. 잠시 후 8대가 나갔다면 주차장에 남아 있는 자동차는 몇 대인지 구하세요.

(   )

 S솔루션

 주차장에 있던 자동차 수와 더 들어온 자동차 수의 합을 먼저 구해요.

18 빈칸과 같은 색 열기구에서 수를 골라 그칸에 써넣어 덧셈식과 뺄셈식을 완성해 보세요.

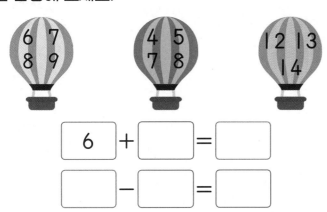

6 + ☐ = ☐

☐ - ☐ = ☐

 각각의 열기구에서 수를 골라 덧셈식과 뺄셈식을 만들어 봐요.

 문제 해결

19 받을 수 있는 것에 ○표 하고, 덧셈식을 완성해 보세요.

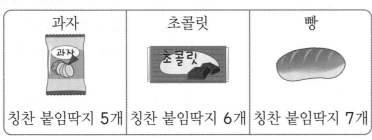

과자	초콜릿	빵
칭찬 붙임딱지 5개	칭찬 붙임딱지 6개	칭찬 붙임딱지 7개

칭찬 붙임딱지 13개를 모두 사용하여 (과자 , 초콜릿 , 빵)와/과 (과자 , 초콜릿 , 빵)을/를 받을 수 있습니다.

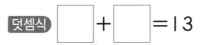 덧셈식 ☐ + ☐ = 13

 합이 13인 두 수를 찾아봐요.

4

덧셈과 뺄셈 (2)

99

심화 1

모양이 나타내는 수 구하기
알 수 있는 모양의 수부터 먼저 구하자!

◆ 같은 모양은 같은 수를 나타냅니다. ◆에 알맞은 수를 구하세요.

- $17 - ● = 9$
- $● + 7 = ◆$

문제해결

1 ●에 알맞은 수를 구하세요.

(   )

2 ◆에 알맞은 수를 구하세요.

(   )

 쌍둥이

1-1 같은 모양은 같은 수를 나타냅니다. ♥에 알맞은 수를 구하세요.

- $15 - ■ = 6$
- $■ + 5 = ♥$

답 _____

변형

1-2 같은 모양은 같은 수를 나타냅니다. ▲에 알맞은 수를 구하세요.

- $8 + ★ = 16$
- $★ + 4 = ▲ + 7$

답 _____

심화 2 차가 가장 큰 뺄셈식 만들기

차가 가장 크려면 가장 큰 수에서 가장 작은 수를 빼야 해!

◆ 수 카드 4장 중 2장을 골라 차가 가장 큰 뺄셈식을 만들어 보세요.

| 12 | 9 | 5 | 10 |

문제해결

1 알맞은 말에 ○표 하세요.

> 두 수의 차가 가장 크려면
> 가장 큰 수에서 가장 (큰 , 작은)
> 수를 빼야 합니다.

2 수 카드의 수 중 가장 큰 수와 가장 작은 수를 각각 쓰세요.

가장 큰 수 (   )

가장 작은 수 (   )

3 차가 가장 큰 뺄셈식을 만들어 보세요.

□ − □ = □

뺄셈식 _____

🏅 **쌍둥이**

2-1 수 카드 4장 중 2장을 골라 차가 가장 큰 뺄셈식을 만들어 보세요

| 7 | 3 | 11 | 6 |

뺄셈식 _____

💡 **변형**

2-2 은채와 민규가 각자 가지고 있는 수 카드 3장 중 2장을 골라 차가 가장 큰 뺄셈식을 만들었습니다. 차가 더 큰 뺄셈식을 만든 사람의 이름을 쓰세요.

은채
| 5 | 11 | 8 |

민규
| 4 | 12 | 6 |

답 _____

4

덧셈과 뺄셈 (2)

101

심화 3

덧셈과 뺄셈의 활용

'~보다 ~많은 수'는 덧셈으로, '~보다 ~적은 수'는 뺄셈으로 구하자!

◆ 봉숭아와 채송화 씨앗을 15개씩 심었습니다. 봉숭아는 7개, 채송화는 봉숭아보다 2개 더 많이 새싹이 났습니다. 새싹이 나지 않은 채송화 씨앗은 몇 개인지 구하세요.

문제해결

1 새싹이 난 채송화 씨앗은 몇 개인지 구하세요.

(   )

2 새싹이 나지 않은 채송화 씨앗은 몇 개인지 구하세요.

(   )

쌍둥이

3-1 준휘와 명호는 각각 닭을 14마리 키웁니다. 준휘의 닭은 알을 5개 낳았고, 명호의 닭은 준휘의 닭보다 알을 3개 더 많이 낳았습니다. 명호의 닭 중 알을 낳지 않은 닭은 몇 마리인지 구하세요.
(단, 닭 한 마리는 알을 1개 낳습니다.)

답 _____

변형

3-2 지수와 도겸이는 각각 풍선을 16개 샀습니다. 풍선을 지수는 9개 불었고, 도겸이는 지수보다 1개 더 적게 불었습니다. 도겸이가 불지 않은 풍선은 몇 개인지 구하세요.

답 _____

심화 4

남은 개수의 합 구하기

각각 남은 개수를 구한 후 두 수를 더하자!

◆ 승윤이는 사과 14개와 감 17개를 가지고 있었습니다. 이 중 사과 7개와 감 9개를 먹었습니다. 승윤이에게 남은 사과와 감의 수의 합은 몇 개인지 구하세요.

문제해결

1 남은 사과는 몇 개인지 구하세요.

( )

2 남은 감은 몇 개인지 구하세요.

( )

3 남은 사과와 감의 수의 합은 몇 개인지 구하세요.

( )

 쌍둥이

4-1 준우는 연필 12자루와 색연필 11자루를 가지고 있었습니다. 이 중 연필 4자루와 색연필 5자루를 친구에게 주었습니다. 준우에게 남은 연필과 색연필의 수의 합은 몇 자루인지 구하세요.

답 _____

변형

4-2 혜지와 민주가 가지고 있는 사탕의 수는 같습니다. 사탕을 혜지는 13개 가지고 있었는데 그중 7개를 먹었고, 민주는 가지고 있던 사탕 중 9개를 먹었습니다. 두 사람이 먹고 남은 사탕의 수의 합은 몇 개인지 구하세요.

답 _____

4

덧셈과 뺄셈 (2)

103

심화 5

꺼내야 하는 공의 수 구하기

한 사람이 꺼낸 공에 적힌 두 수의 합보다 크게 되는 나머지 수를 찾자!

◆ 태희와 지호는 수가 적힌 공을 2개씩 꺼내고 있습니다. 지호가 꺼낸 공에 적힌 두 수의 합이 태희보다 더 크게 되려면 지호는 어떤 수가 적힌 공을 꺼내야 하는지 구하세요.

태희: ⑨ ⑤ , 지호: ❼ ?

문제해결

1 태희가 꺼낸 공에 적힌 두 수의 합을 구하세요.

(   )

104

덧셈과 뺄셈 (2)

2 지호는 어떤 수가 적힌 공을 꺼내야 하는지 구하세요.

(   )

🔵 쌍둥이

5-1 세아와 지민이는 수가 적힌 공을 2개씩 꺼내고 있습니다. 지민이가 꺼낸 공에 적힌 두 수의 합이 세아보다 더 크게 되려면 지민이는 어떤 수가 적힌 공을 꺼내야 하는지 구하세요.

세아: ❸ ❽ , 지민: ❹ ?

답 _____

💡 변형

5-2 🔺동영상 재현이와 성재는 수 카드를 2장씩 고르고 있습니다. 성재가 고른 수 카드에 적힌 두 수의 합이 재현이보다 더 크게 되려면 성재는 어떤 수가 적힌 카드를 골라야 하는지 모두 구하세요.

| 1 | 2 | 3 | 5 | 7 | 9 |

재현: 8 4 , 성재: 6 ?

답 _____

▶동영상 강의

심화 6

처음에 가지고 있던 개수 구하기

거꾸로 생각하여 주기 전의 개수는 덧셈으로 구하자!

◆ 연준이는 가지고 있던 딱지 중 반을 형에게 주고, 남은 딱지 중 반을 동생에게 주었더니 4개가 남았습니다. 연준이가 처음에 가지고 있던 딱지는 몇 개인지 구하세요.

문제해결

1 주어진 조건을 그림으로 나타내 보세요.

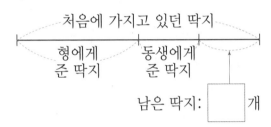

2 동생에게 주기 전의 딱지는 몇 개인지 구하세요.

(   )

3 연준이가 처음에 가지고 있던 딱지는 몇 개인지 구하세요.

(   )

⚖️ 쌍둥이

6-1 나래는 가지고 있던 젤리 중 반을 먹고, 남은 젤리 중 반을 친구에게 주었더니 3개가 남았습니다. 나래가 처음에 가지고 있던 젤리는 몇 개인지 구하세요.

답 _____

💡 변형

6-2 소희가 가지고 있던 구슬의 반을 언니에게 주고, 남은 구슬을 친구 2명에게 3개씩 나누어 주었더니 1개가 남았습니다. 소희가 처음에 가지고 있던 구슬은 몇 개인지 구하세요.

▶동영상

답 _____

3 단계 심화 🔷 유형 완성

1 수 카드 4장 중 2장을 골랐더니 고른 카드에 적힌 두 수의 합은 12이고 차는 2였습니다. 고른 두 수 카드에 적힌 수를 구하세요.

| 8 | 5 | 4 | 7 |

( )

2 이찬이와 청아가 일주일 동안 읽은 책의 수를 나타낸 것입니다. 일주일 동안 읽은 동화책과 위인전의 수의 합이 더 많은 사람은 누구인가요?

	동화책	위인전
이찬	7권	4권
청아	8권	8권

( )

3 태영이는 고구마 13개와 옥수수 16개를 가지고 있었습니다. 이 중에서 고구마 8개와 옥수수 7개를 동생에게 주었습니다. 고구마와 옥수수 중 태영이에게 어느 것이 몇 개 더 많이 남았나요?

( ), ( )

동영상 의사소통

4 지민이는 부모님과 함께 감자 캐기 체험 농장을 갔습니다. 감자를 지민이는 4개 캤고, 엄마는 지민이보다 5개 더 많이 캤습니다. 지민이의 부모님이 캔 감자는 모두 10개씩 1상자와 낱개 5개일 때 엄마는 아빠보다 감자를 몇 개 더 많이 캤는지 구하세요.

(   )

문제 해결

5 성재는 빨간색 구슬 9개와 파란색 구슬 6개를 가지고 있습니다. 민규는 성재보다 구슬을 1개 더 많이 가지고 있습니다. 민규가 빨간색 구슬을 8개 가지고 있다면 빨간색이 아닌 구슬은 몇 개 가지고 있는지 구하세요.

(   )

6 3부터 9까지의 수 중에서 서로 다른 두 수를 골라 다음 □ 안에 한 번씩만 써넣어 뺄셈식을 만들려고 합니다. 만들 수 있는 뺄셈식은 모두 몇 가지인지 구하세요.

$$12-\boxed{}=\boxed{}$$

(   )

4

덧셈과 뺄셈 (2)

107

BOOK❷ 14~17쪽에서 경시대회 문제 도전!

1 □ 안에 알맞은 수를 써넣으세요.

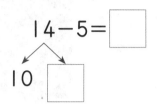

$14-5=$ □

10 □

2 계산해 보세요.

(1) $5+6$　　　　(2) $17-9$

3 빈칸에 알맞은 수를 써넣으세요.

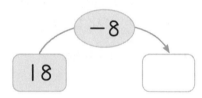

-8

18 →

4 쿠키는 빵보다 몇 개 더 많은지 구하세요.

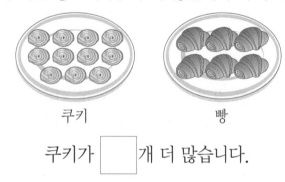

쿠키　　　　빵

쿠키가 □ 개 더 많습니다.

5 크기를 비교하여 ○ 안에 >, =, <를 알맞게 써넣으세요.

$16-7$ ○ 7

6 깡통은 모두 몇 개인지 구하세요.

식 _____

답 _____

7 점의 수의 합이 11이 되는 것을 찾아 기호를 쓰세요.

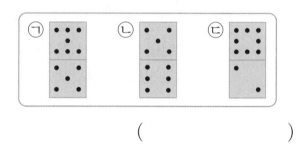

㉠　　　　㉡　　　　㉢

(　　　　　　　)

8 합이 가장 작은 것을 찾아 기호를 쓰세요.

㉠ $8+7$　㉡ $5+9$　㉢ $7+6$

(　　　　　　　)

9 사탕 15개 중에서 6개를 먹었습니다. 남은 사탕은 몇 개인가요?

식 _____

답 _____

4

덧셈과 뺄셈 (2)

108

10 보기에서 주어진 식과 합과 차가 각각 같은 식을 찾아 보기와 같이 ◯, ☐표 하세요.

보기
$6+7$ $11-2$

$7+6$	$12-3$	$6+8$
$13-4$	$8+5$	$14-5$
$7+9$	$15-6$	$9+4$

11 ☐ 안에 들어갈 수 있는 수 중에서 가장 작은 수를 구하세요.

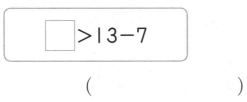

$$\boxed{} > 13-7$$

(   )

서술형

12 태형이는 가지고 있던 초콜릿 중에서 2개를 먹고 4개를 더 샀더니 13개가 되었습니다. 태형이가 처음에 가지고 있던 초콜릿은 몇 개인지 풀이 과정을 쓰고 답을 구하세요.

풀이 _____

답 _____

13 4장의 수 카드 $\boxed{15}$, $\boxed{9}$, $\boxed{11}$, $\boxed{6}$ 중에서 2장을 골라 두 수의 차를 구하려고 합니다. 두 수의 차가 가장 클 때의 차를 구하세요.

(   )

14 같은 모양은 같은 수를 나타냅니다. ♥에 알맞은 수를 구하세요.

$$\cdot\ 11-\blacksquare=6$$
$$\cdot\ \blacksquare+8=\blacklozenge$$
$$\cdot\ \blacklozenge-4=♥$$

(   )

서술형

15 세찬이와 소민이가 일주일 동안 읽은 책의 수는 다음과 같습니다. 일주일 동안 책을 더 많이 읽은 사람은 누구인지 풀이 과정을 쓰고 답을 구하세요.

	동화책	과학책
세찬	7권	8권
소민	9권	4권

풀이 _____

답 _____

5. 규칙 찾기

5단원의 대표 심화 유형

- 학습한 후에 이해가 부족한 유형에 체크하고 한 번 더 공부해 보세요.

 큐알 코드를 찍으면 개념 학습 영상과 문제 풀이 영상도 보고, 수학 게임도 할 수 있어요.

이번에 배울 내용 ____ 1-2

❖ 규칙 찾기
  - 규칙 찾기 / 규칙 만들기
  - 수 배열에서 규칙 찾기
  - 수 배열표에서 규칙 찾기
  - 규칙을 여러 가지 방법으로 나타내기

이후에 배울 내용 ____ 2-2

❖ 규칙 찾기
  - 무늬에서 규칙 찾기
  - 쌓은 모양에서 규칙 찾기
  - 덧셈표, 곱셈표에서 규칙 찾기
  - 생활에서 규칙 찾기

개념 1　규칙 찾기

1. 반복되는 부분을 찾아 표시하고 규칙 말하기

(1) 색깔이 반복되는 규칙

↱반복되는 부분

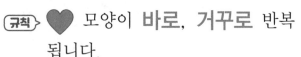

규칙▶ **검은색, 흰색**이 반복됩니다.

(2) 위치가 반복되는 규칙

↱반복되는 부분

규칙▶ ♥ 모양이 **바로, 거꾸로** 반복됩니다.

> 규칙을 찾을 때는 반복되는 부분을 알아봐!

2. 규칙을 찾아 빈칸을 채우기

     ☐

규칙▶ **큰 풍선, 작은 풍선**이 반복됩니다.

➜ 규칙에 따라 **큰 풍선** 다음에는 **작은 풍선**이 와야 하므로 ☐ 안에는 **작은 풍선**이 들어가야 합니다.

개념 2　규칙 만들기 (1)

1. 두 가지 색으로 규칙 만들기

초록색　　↱빨간색

(1)

➜ **초록색, 빨간색**이 반복되는 규칙을 만들었습니다.

보라색　　↱노란색

(2)

➜ **보라색, 노란색, 노란색**이 반복되는 규칙을 만들었습니다.

2. 여러 가지 물건으로 다양한 규칙 만들기

> 🌰, 🌰, ⚾ 가 반복되게 만들자!

> 🌰, 🌰, ⚾ 가 반복되는 규칙처럼 🌰, ▍를 같은 규칙으로 놓자!

↱돌　　↱나뭇가지

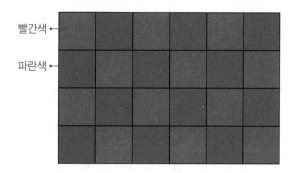

주의▶ 규칙을 크기, 색깔, 위치, 순서에 따라 여러 가지로 설명할 수 있습니다.

개념 3　규칙 만들기 (2)

1. 규칙에 따라 색칠하기

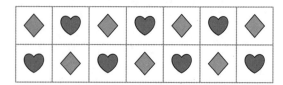

규칙▶ **첫째** 줄과 **셋째** 줄은 **빨간색, 파란색**이 반복되고, **둘째** 줄과 **넷째** 줄은 **파란색, 빨간색**이 반복됩니다.

2. 모양으로 규칙 만들어 무늬 꾸미기

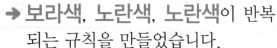

규칙▶ **첫째** 줄은 ◆, ♥가 반복되고, **둘째** 줄은 ♥, ◆가 반복됩니다.

개념 4 수 배열에서 규칙 찾기

1. 수 배열에서 규칙 찾기

(1) ③ — ⑤ — ③ — ⑤ — ③ — ⑤

규칙> **3**과 **5**가 반복됩니다.

(2) ⑩ — ⑳ — ㉚ — ㊵ — ㊿ — 60

규칙> 10부터 시작하여 **10**씩 커집니다.

2. 규칙을 만들어 수 배열하기

(1) 8, 8, 5가 반복되는 규칙

⑧ — ⑧ — ⑤ — ⑧ — ⑧ — ⑤

(2) 1부터 시작하여 2씩 커지는 규칙

① — ③ — ⑤ — ⑦ — ⑨ — ⑪

참고> 규칙을 만들어 수를 배열할 때 수가 반복되도록 만들 수 있고, 일정한 수만큼씩 커지거나 작아지게 하여 만들 수도 있습니다.

개념 5 수 배열표에서 규칙 찾기

1	2	3	4	5	6	7	8	9	10
11	12	13	14	15	16	17	18	19	20
21	22	23	24	25	26	27	28	29	30
31	32	33	34	35	36	37	38	39	40
41	42	43	44	45	46	47	48	49	50
51	52	53	54	55	56	57	58	59	60
61	62	63	64	65	66	67	68	69	70
71	72	73	74	75	76	77	78	79	80
81	82	83	84	85	86	87	88	89	90
91	92	93	94	95	96	97	98	99	100

(1) → 방향으로 있는 수의 규칙

규칙> 11부터 시작하여 → 방향으로 **1**씩 커집니다.

(2) ↓ 방향으로 있는 수의 규칙

규칙> 8부터 시작하여 ↓ 방향으로 **10**씩 커집니다.

(3) ↘ 방향으로 있는 수의 규칙

규칙> 1부터 시작하여 ↘ 방향으로 **11**씩 커집니다.

개념 6 규칙을 여러 가지 방법으로 나타내기

1. 규칙을 모양으로 나타내기

예 교통 표지판 모양의 규칙을 △, ○로 나타내기

🚸	🚲	⚠	진입금지	🚧	🚫
△	○	△	○	△	○

규칙> △, ○ 모양의 교통 표지판이 반복됩니다.

2. 규칙을 수로 나타내기

예 펼친 손가락의 수에 따라 수로 나타내기

✌	✊	✊	✌	✊	✊
2	0	0	2	0	0

> 펼친 손가락의 수를 살펴보면 ✌는 2개, ✊는 0개야.

규칙> ① 가위, 주먹, 주먹이 반복됩니다.
    ② 펼친 손가락의 수가 2, 0, 0으로 반복됩니다.

1 규칙 찾기

1 그림을 보고 찾은 규칙을 쓰세요.

안전선

➜ 안전선의 색이 [   ]색, [   ]색

이 반복됩니다.

2 규칙에 따라 빈칸에 들어갈 물건을 찾아 ○표 하세요.

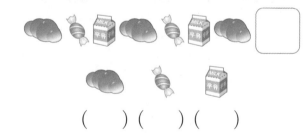

(   ) (   ) (   )

[3~4] 규칙을 찾아 빈칸에 알맞은 그림을 그려 보세요.

3

4

5 반복되는 부분에 ○표 하고, 마지막 병에 색칠해 보세요.

초록색   분홍색

⚡ 추론

6 신호등의 불이 켜지는 규칙을 바르게 말한 사람은 누구인가요?

: 초록, ◯: 노랑, ●: 빨강

건우: 초록 불, 노란 불, 빨간 불이 반복되며 켜져.

지안: 초록 불, 빨간 불, 노란 불이 반복되며 켜져.

(   )

7 반복되는 부분에 ○표 하고, 규칙을 찾아 쓰세요.

귤   포도

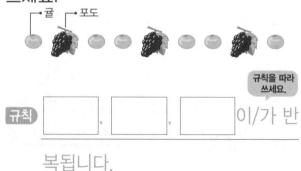

규칙을 따라 쓰세요.

규칙 [   ], [   ], [   ] 이/가 반

복됩니다.

2 규칙 만들기 (1)

[8~9] 만든 규칙대로 놓아 보세요.

8

9 주사위 눈의 수가 2, 3, 3이 반복돼.

10 지유가 만든 규칙으로 놓은 컵의 기호를 쓰세요.

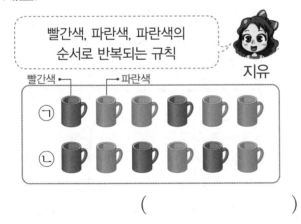

(   )

11 시후와 같은 규칙으로 ⭐과 🎈을 놓아 보세요.

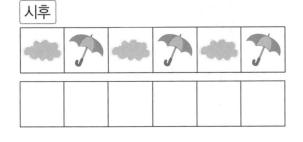

3 규칙 만들기 (2)

12 규칙에 따라 빈칸에 알맞은 모양을 그리고 색칠해 보세요.

13 ○, △ 모양으로 규칙을 만들어 무늬를 꾸며 보세요.

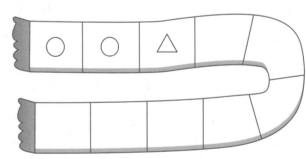

 추론   문제 해결

14 규칙에 따라 빈칸을 채워 무늬를 완성해 보세요.

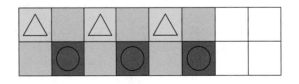

4 수 배열에서 규칙 찾기

15 그림에서 규칙을 찾아 □ 안에 알맞은 수를 써넣으세요.

규칙 │ 부터 시작하여 □ 씩 커집니다.

16 수 배열을 보고 바르게 설명한 것의 기호를 쓰세요.

| 3 | 5 | 8 | 3 | 5 | 8 |

㉠ 3부터 시작하여 2씩 커집니다.
㉡ 3, 5, 8이 반복됩니다.

( )

17 규칙에 따라 빈칸에 알맞은 수를 써넣으세요.

[18~19] 규칙에 따라 빈칸에 알맞은 수를 써넣으세요.

18 │4부터 시작하여 3씩 커지는 규칙

19 38부터 시작하여 4씩 작아지는 규칙

20 규칙에 따라 사물함의 빈칸에 알맞은 수를 써넣으세요.

5	6		8	9
15	16	17		19
25	26	27		

21 45부터 커지는 규칙을 정하여 수를 늘어놓고, 어떤 규칙인지 쓰세요.

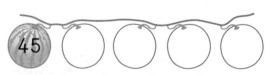

규칙 45부터 시작하여 _____

5   수 배열표에서 규칙 찾기

[22~25] 수 배열표를 보고 물음에 답하세요.

1	2	3	4	5	6	7	8	9	10
11	12	13	14	15	16	17	18	19	20
21	22	23	24	25	26	27	28	29	30
31	32	33	34	35	36	37	38	39	40
41	42	43	44	45	46	47	48	49	50
51	52	53	54	55	56	57	58	59	60
61	62	63	64	65	66	67	68	69	70
71	72	73	74	75	76	77	78	79	80
81	82	83	84	85	86	87			
91	92	93	94	95	96	97			

22 ▨에 있는 수는 3부터 시작하여 몇씩 커지는 규칙인가요?

꼭 단위까지 따라 쓰세요.

(씩)

23 ·········에 있는 수는 61부터 시작하여 몇씩 커지는 규칙인가요?

(씩)

24 ↘방향에 있는 수에는 어떤 규칙이 있는지 쓰세요.

↘ 방향으로 _____

_____

25 규칙에 따라 ▨에 알맞은 수를 써넣으세요.

26 색칠한 수에는 어떤 규칙이 있는지 쓰세요.

11	12	13	14	15	16	17	18	19	20
21	22	23	24	25	26	27	28	29	30
31	32	33	34	35	36	37	38	39	40

규칙 12부터 시작하여 ☐ 씩 커집니다.

27 규칙에 따라 색칠해 보세요.

31	32	33	34	35	36	37	38	39	40
41	42	43	44	45	46	47	48	49	50
51	52	53	54	55	56	57	58	59	60
61	62	63	64	65	66	67	68	69	70

28 서로 다른 규칙으로 배열된 두 승강기의 숫자판입니다. 어떻게 다른지 <u>잘못</u> 설명한 것의 기호를 쓰세요.

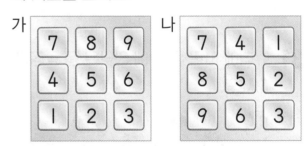

가   나

○ 가는 ↓방향으로 3씩 작아지고
    나는 ←방향으로 3씩 커집니다.

○ 가는 ←방향으로 1씩 작아지고
    나는 ↑방향으로 1씩 커집니다.

(   )

1^{단계} 기본 유형 연습

6 규칙을 여러 가지 방법으로 나타내기

29 규칙에 따라 ○, △로 나타내 보세요.

○	△	△			

30 규칙에 따라 빈칸에 알맞은 수를 써넣으세요.

4	2	4			

31 규칙에 따라 □ 안에 알맞은 몸 동작에 ○표 하세요.

(서기 , 앉기)

32 규칙에 따라 빈칸에 알맞은 글자를 써넣으세요.

33 규칙에 따라 ○, △, ×로 나타내 보세요.

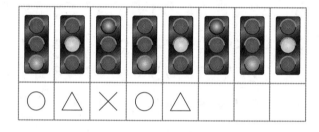

○	△	×	○	△			

34 규칙에 따라 빈칸에 알맞은 모양을 그려 넣으세요.

ㄱ	ㄷ	ㄱ		

35 규칙에 따라 알맞게 점을 그려 넣고 □ 안에 알맞은 수를 써넣으세요.

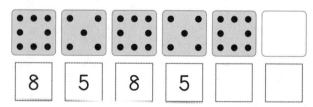

8	5	8	5		

활용 1 규칙이 잘못된 곳 찾기

❶ 규칙을 찾습니다.
❷ 위 ❶에서 찾은 규칙과 다른 부분을 찾습니다.

1-1 규칙에 따라 수 카드를 늘어놓았습니다. 잘못 놓은 수 카드에 ✕표 하세요.

| 8 | 16 | 24 | 32 | 40 | 46 | 56 |

1-2 규칙에 따라 수를 쓴 것입니다. 잘못 쓴 수에 ○표 하세요.

| 100 | 98 | 96 | 94 | 92 | 90 |
| 88 | 86 | 84 | 82 | 80 | 79 |

1-3 규칙에 따라 무늬를 꾸몄습니다. 모양이 잘못 그려진 곳을 찾아 ✕표 하고, 알맞은 모양을 그려 보세요.

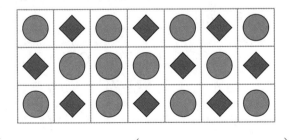

(   )

활용 2 규칙이 같은 것 찾기

❶ 보기의 규칙을 찾습니다.
❷ 위 ❶에서 찾은 보기의 규칙과 같은 것을 찾습니다.

2-1 보기의 수 배열과 규칙이 같은 것의 기호를 쓰세요.

보기
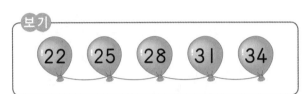

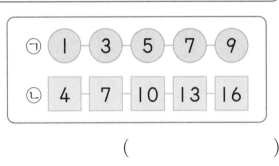

(   )

2-2 보기의 연결 모형의 수 배열과 규칙이 같은 것의 기호를 쓰세요.

보기
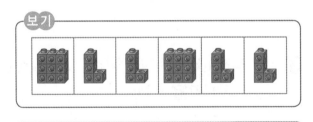

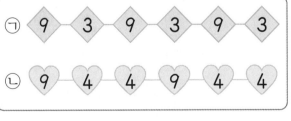

(   )

활용 3 규칙을 찾아 시각 나타내기

짧은바늘과 긴바늘이 어떻게 변하는지 알아본 후 규칙에 따라 시곗바늘을 바르게 그려 봅니다.

3-1 규칙에 따라 시계에 알맞은 시각을 나타내 보세요.

3-2 규칙에 따라 시계에 알맞은 시각을 나타내 보세요.

3-3 규칙에 따라 시계에 알맞은 시각을 나타내고, 그 시각을 쓰세요.

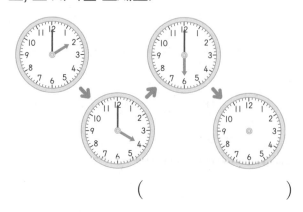

( )

활용 4 수 배열(표)에서 규칙 찾기

먼저 보기 의 규칙을 알아본 후 규칙에 따라 ㉠에 알맞은 수를 찾아봅니다.

4-1 보기 의 수 배열과 규칙이 같도록 22부터 수를 배열하려고 합니다. ㉠에 알맞은 수를 구하세요.

보기
15 ─ 23 ─ 31 ─ 39 ─ 47

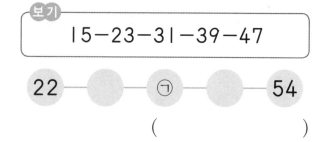

( )

4-2 보기 의 수 배열과 규칙이 같도록 67부터 수를 배열하려고 합니다. ㉠에 알맞은 수를 구하세요.

보기
55 ─ 44 ─ 33 ─ 22 ─ 11

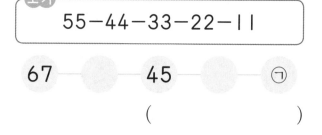

( )

4-3 수 배열표의 색칠한 수들의 규칙과 같도록 수를 배열하려고 합니다. ㉠에 알맞은 수를 구하세요.

36	37	38	39	40	41	42	43
44	45		47		49		
	53	54			57		

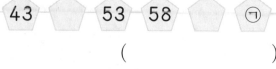

( )

2 단계 실력 유형 연습

⚡ 추론

1 규칙을 바르게 말한 사람을 찾아 ○표 하세요.

 빨간색  파란색

서준

모형의 색이 빨간색,
빨간색, 파란색으로
반복돼.

( )

( )

개수가 1개, 3개,
3개가 반복돼.

서아

2 보기에서 두 가지 모양을 골라 규칙을 만든 것의 기호를 쓰세요.

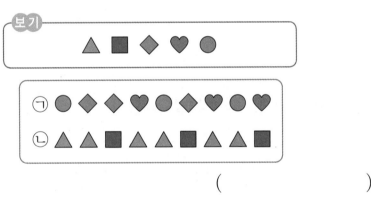

( )

3 규칙에 따라 빈 곳에 알맞은 수를 써넣고 □ 안에 알맞은 수나 말을 써넣으세요.

규칙 28부터 시작하여 □ 씩 □ 집니다.

S 솔루션

모양이 반복되도록 규칙을 만들어 봐요.

주어진 수들이 오른쪽으로 몇씩 커지거나 작아지는지 알아봐요.

[4~5] 수 배열표를 보고 물음에 답하세요.

1	2	3	4	5	6	7	8	9	10
11	12	13	14	15	16	17	18	19	20
21	22	23	24	25	26	27	28	29	30
31	32	33	34	35	36	37	38	39	40
41	42	43	44	45	46	47	48	49	50

4 44부터 시작하여 8씩 작아지는 수를 모두 찾아 색칠해 보세요.

🖊 서술형

5 초록색으로 색칠한 수는 ＼ 방향으로 내려가면서 어떤 규칙이 있는지 쓰세요.

규칙 _____

초록색으로 색칠한 수들이 ＼ 방향으로 몇씩 커지거나 작아지는지 알아봐요.

6 보기 의 수 배열과 규칙이 같도록 빈칸에 알맞은 수를 써넣으세요.

보기

(49) (51) (53) (55) (57) (59) (61)

6					

7 보기 와 같은 규칙으로 빈칸에 알맞은 모양을 그려 보세요.

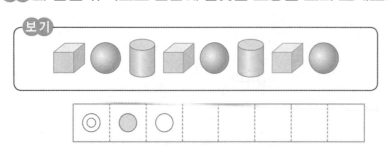

모양이 반복되는 규칙을 찾아 봐요.

8 윷을 놓은 규칙과 같은 규칙으로 다음 빈칸에 수를 쓴 것입니다. ☆에 알맞은 수를 구하세요.

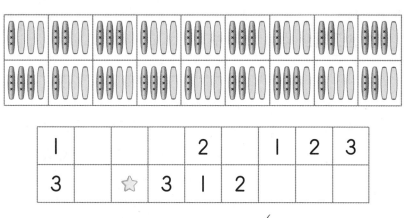

1			2		1	2	3
3		☆	3	1	2		

(   )

9 규칙에 따라 빈칸에 주사위를 그리고, 수를 써넣으세요.

2	5	1	2		1		5

 실생활 연결

10 민주는 엄마와 옷을 사러 갔습니다. 옷의 치수의 규칙은 다음과 같습니다. 민주가 11호를 입었더니 작아서 한 치수 큰 옷을 사려고 할 때 민주가 사야 할 옷의 치수는 몇 호인지 구하세요.

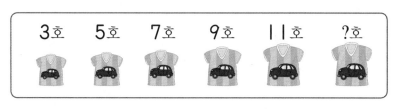

(   )

5

규칙 찾기

심화 1

규칙을 찾아 펼친 손가락의 수 구하기

반복되는 부분을 찾아 펼친 손가락의 수를 세어 보자!

◆ 규칙에 따라 ㉠과 ㉡에 들어갈 펼친 손가락은 모두 몇 개인지 구하세요.

문제해결

1 펼친 손가락의 수의 규칙을 쓰세요.

규칙 펼친 손가락이 ☐ 개, ☐ 개, ☐ 개가 반복됩니다.

2 ㉠과 ㉡에 들어갈 펼친 손가락의 수를 각각 구하세요.

㉠ (   )
㉡ (   )

3 ㉠과 ㉡에 들어갈 펼친 손가락은 모두 몇 개인지 구하세요.

(   )

쌍둥이

1-1 규칙에 따라 빈칸에 들어갈 펼친 손가락은 모두 몇 개인지 구하세요.

답 _____

변형

1-2 민규와 정한이가 가위바위보를 하였습니다. 민규가 규칙에 따라 다음과 같이 냈을 때 정한이가 모두 이겼습니다. 8번째와 9번째에 정한이가 펼친 손가락은 모두 몇 개인지 구하세요.

답 _____

5

규칙 찾기

심화 2

좌석의 규칙 찾기

좌석표를 보고 여러 규칙을 찾자!

◆ 주호가 탄 고속버스에는 규칙에 따라 좌석 번호가 써 있습니다. ㉠에 알맞은 수를 구하세요.

	A열	B열	C열	D열	E열	F열
첫째	1	5	9			
둘째	2	6	10			
셋째	3	7	11			
넷째	4	8	12			㉠

(출입구 / 운전석 표시)

문제해결

1 좌석 번호에서 규칙을 찾아보세요.

첫째 줄은 1, 5, ☐ , …

둘째 줄은 2, ☐ , ☐ , …이

므로 A열부터 시작하여 좌석의 번

호가 ☐ 씩 커지는 규칙입니다.

2 ㉠에 알맞은 수를 구하세요.

(   )

쌍둥이

2-1 민지네 교실의 좌석표 일부를 나타낸 것입니다. 규칙에 따라 좌석 번호가 붙어 있을 때 색칠된 좌석의 번호는 몇 번인가요?

			■
8	9		
15	16	17	
22	23	24	25

답 _____

변형

2-2 다음은 영화관의 좌석표 일부를 나타낸 것입니다. 좌석마다 규칙에 따라 번호가 붙어 있을 때 E열 넷째 좌석의 번호는 몇 번인가요?

	첫째	둘째	셋째	넷째
A열	1	2	3	4
B열	7	8		
C열	13	14		
D열				
E열				

답 _____

5

규칙 찾기

125

3^{단계} 심화 유형 연습

심화 3

찢어진 수 배열표에서 규칙 찾기

수 배열표에서 →, ↓, ↘ 방향으로 어떤 규칙이 있는지 알아보자!

◆ 수 배열표의 일부분입니다. 규칙에 따라 ★에 알맞은 수를 구하세요.

33	34	35	36		
42					
51					
㉠				★	

문제해결

1 ㉠에 알맞은 수를 구하세요.

(   )

2 ★에 알맞은 수를 구하세요.

(   )

쌍둥이

3-1 수 배열표의 일부분입니다. 규칙에 따라 ■에 알맞은 수를 구하세요.

61	62	63		65		㉠
70	71					
						■

답 _____

변형

3-2 수 배열표의 일부분에서 색칠한 칸의 수들이 커지는 규칙에 따라 2부터 시작하여 배열하려고 합니다. ▲에 알맞은 수를 구하세요.

43			46	47	48
53	54				58
	64				68

| 2 | | | | | ▲ |

답 _____

5

규칙 찾기

126

심화 4 　규칙을 찾아 ■째에 올 모양의 개수 구하기

각각의 눈의 수를 세어 반복되는 규칙을 찾자!

◆ 규칙에 따라 주사위를 계속 그렸습니다. 여덟째와 아홉째에 그려진 주사위의 눈은 모두 몇 개인지 구하세요.

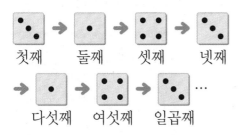

첫째　둘째　셋째　넷째

다섯째　여섯째　일곱째 …

문제해결

1️⃣ 주사위의 눈의 수의 규칙을 쓰세요.

규칙 　□ , □ , □ 이/가 반복되는 규칙입니다.

2️⃣ 여덟째와 아홉째에 그려진 주사위의 눈은 몇 개인지 각각 구하세요.

여덟째 (　　　　　　　)

아홉째 (　　　　　　　)

3️⃣ 여덟째와 아홉째에 그려진 주사위의 눈은 모두 몇 개인지 구하세요.

(　　　　　　　)

⚖️ **쌍둥이**

4-1 규칙에 따라 점을 계속 그렸습니다. 아홉째와 열째에 그려진 점은 모두 몇 개인지 구하세요.

첫째　둘째　셋째　넷째

다섯째　여섯째　일곱째 …

답 _____

💡 **변형**

4-2 규칙에 따라 🌙을 계속 그렸습니다. 여덟째와 열째에 그려진 🌙은 모두 몇 개인지 구하세요.

🌙🌙	🌙🌙	🌙🌙	🌙🌙	🌙🌙	🌙🌙	🌙🌙	
	🌙	🌙🌙		🌙🌙	🌙		…
		🌙			🌙🌙		

답 _____

심화 5

규칙을 찾아 가려진 부분의 물건 찾기

반복되는 규칙을 찾아 가려진 부분의 실내화 색깔을 먼저 알아보자!

◆ 규칙에 따라 실내화를 한 칸에 한 켤레씩 정리하였습니다. 문이 닫혀 있는 칸에는 분홍색 실내화가 모두 몇 켤레 있는지 구하세요.

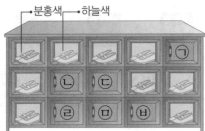

문제해결

1 실내화가 놓이는 규칙을 쓰세요.

규칙 [　　　　]색 실내화와 [　　　　]색 실내화가 한 켤레씩 반복됩니다.

2 문이 닫혀 있는 칸에 있는 실내화 색깔을 각각 쓰세요.

ㄱ (　　　　　　　), ㄴ (　　　　　　　)
ㄷ (　　　　　　　), ㄹ (　　　　　　　)
ㅁ (　　　　　　　), ㅂ (　　　　　　　)

3 문이 닫혀 있는 칸에는 분홍색 실내화가 모두 몇 켤레 있는지 구하세요.

(　　　　　　　　　　)

🐣 쌍둥이

5-1 규칙에 따라 책을 한 칸에 한 권씩 정리하였습니다. 비어 있는 칸에 놓아야 할 위인전은 모두 몇 권인지 구하세요.

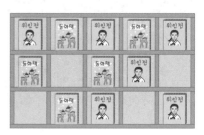

답 _____

💡 변형

5-2 규칙에 따라 학용품을 한 칸에 한 개씩 놓으려고 합니다. 비어 있는 칸에 놓아야 할 가위와 자는 모두 몇 개인지 구하세요.

▶ 동영상

지우개	가위	자	지우개	가위	자	지우개
가위	자	지우개	가위	자		
자	지우개	가위	자			
지우개	가위	자				

답 _____

심화 6

바둑돌의 규칙 찾기

반복되는 부분의 흰색과 검은색 바둑돌의 수를 먼저 구하자!

◆ 규칙에 따라 흰색 바둑돌과 검은색 바둑돌을 모두 15개 늘어놓았습니다. 흰색 바둑돌과 검은색 바둑돌 중 어느 것이 몇 개 더 많은지 구하세요.

⚪⚫⚪⚪⚫⚪⚪⚫⚪⚪ …

문제해결

1 바둑돌을 15개 늘어놓을 때 흰색 바둑돌은 몇 개가 놓이는지 구하세요.

(   )

2 바둑돌을 15개 늘어놓을 때 검은색 바둑돌은 몇 개가 놓이는지 구하세요.

(   )

3 바둑돌을 15개 늘어놓을 때 흰색 바둑돌과 검은색 바둑돌 중 어느 것이 몇 개 더 많은지 구하세요.

(   ), (   )

6-1 규칙에 따라 흰색 바둑돌과 검은색 바둑돌을 모두 18개 늘어놓았습니다. 흰색 바둑돌과 검은색 바둑돌 중 어느 것이 몇 개 더 많은지 구하세요.

⚪⚫⚫⚫⚪⚫⚫⚫⚪⚪ …

답 _____ , _____

6-2 규칙에 따라 검은색 바둑돌과 흰색 바둑돌을 모두 20개 늘어놓았습니다. 검은색 바둑돌과 흰색 바둑돌 중 어느 것이 몇 개 더 적은지 구하세요.

⚫⚪⚪⚪⚫⚪⚪⚪⚫⚪ …

답 _____ , _____

1 규칙에 따라 수를 배열할 때 ㉠과 ㉡에 알맞은 수의 합을 구하세요.

8	0	5	1	8	0	㉠	1	㉡	0

(   )

2 규칙에 따라 알맞게 색칠하고, 빈칸에 색칠한 파란색, 노란색, 초록색 중 가장 많이 색칠한 색은 무슨 색인지 쓰세요.

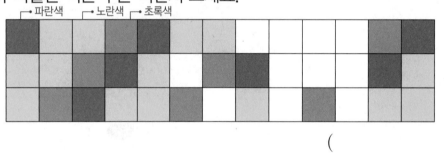

파란색 노란색 초록색

(   )

3 규칙에 알맞게 빈칸에 수를 썼을 때 ㉮와 ㉯에 들어갈 수의 합을 구하세요.

●	▲	■	●	●	▲	■	●	●	▲	■
0	3	4	0			㉮			㉯	

(   )

4 ▶동영상 보기의 물건 중 규칙에 따라 ☐ 안에 들어갈 모양과 같은 모양이 <u>아닌</u> 물건은 모두 몇 개인지 구하세요.

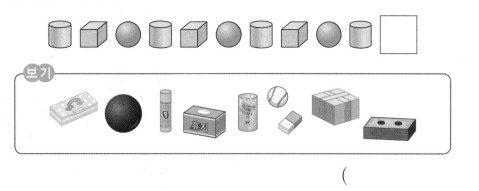

(   )

🔵 실생활 연결

5 ▶동영상 아랍에서 사용하는 숫자로 수를 규칙에 따라 배열한 것입니다. 빈칸에 알맞은 수를 아랍 숫자로 써넣으세요.

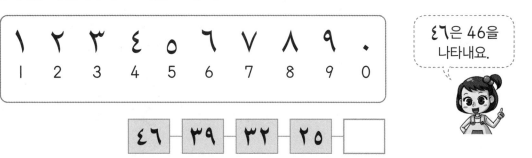

٤٦은 46을 나타내요.

6 ▶동영상 정국이와 민규가 규칙에 따라 종을 9번 칩니다. 두 사람이 동시에 같은 색의 종을 칠 때는 모두 몇 번인가요?

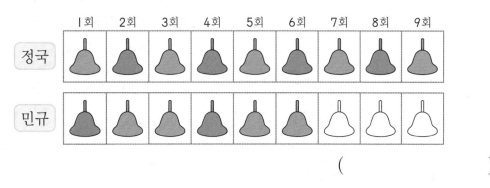

(   )

BOOK❷ 18~21쪽에서 경시대회 문제 도전!

맞힌 문제 수

개/12개

1 규칙을 찾아 빈칸에 알맞은 그림을 그려 보세요.

2 반복되는 부분에 ◯표 하고, 규칙을 설명해 보세요.

규칙 과일이 ☐ , ☐ 가

반복됩니다.

5

규칙 찾기

132

3 32부터 시작하여 6씩 작아지는 규칙으로 빈칸에 알맞은 수를 써넣으세요.

4 색칠한 수에는 어떤 규칙이 있는지 쓰세요.

31	32	33	34	35	36	37	38	39	40
41	42	43	44	45	46	47	48	49	50
51	52	53	54	55	56	57	58	59	60

규칙 33부터 시작하여 ☐ 씩 커집니다.

5 시후가 파란색, 주황색으로 만든 규칙으로 울타리를 색칠하고, ☐ 안에 알맞은 말을 써넣으세요.

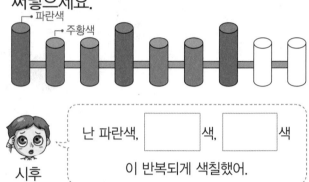

시후

난 파란색, ☐ 색, ☐ 색

이 반복되게 색칠했어.

6 보기와 같은 규칙으로 빈칸에 알맞은 모양을 그려 보세요.

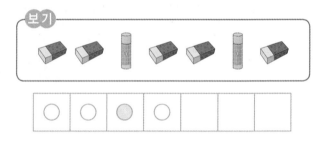

7 서로 다른 규칙이 나타나게 빈칸에 알맞은 수를 써넣으세요.

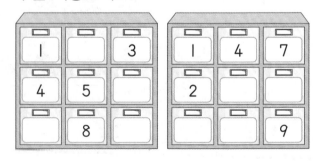

8 규칙을 찾아 ★에 알맞은 수를 구하세요.

56	57	58		
62				66
			★	

(   )

9 규칙에 따라 색칠할 때 40이 쓰여진 칸에는 어떤 색을 칠해야 하나요?

<table>
<tr><td rowspan="1">초록색 ●</td></tr>
</table>

초록색 ●

빨간색 ●

					30	31	32
					39	40	41

(   )

10 규칙에 따라 마지막 시계에 알맞은 시각을 나타내 보세요.

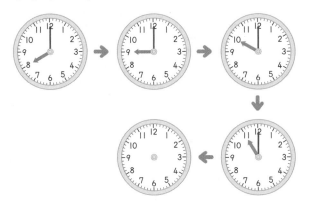

11 규칙에 따라 수를 쓸 때 빈칸에 알맞은 수의 합을 구하려고 합니다. 풀이 과정을 쓰고 답을 구하세요.

■	●	■	▲	■	●	■	▲	■	●	■	▲
4	0	4	3	4	0	4			0	4	

풀이 _____

_____

_____

답 _____

12 다음과 같은 규칙으로 바둑돌을 늘어놓았습니다. 바둑돌을 모두 12개 놓았다면 흰색 바둑돌은 검은색 바둑돌보다 몇 개 더 많이 놓았는지 풀이 과정을 쓰고 답을 구하세요.

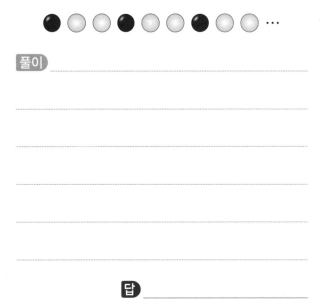

풀이 _____

_____

_____

_____

답 _____

5

규칙 찾기

6

덧셈과
뺄셈(3)

큐알 코드를 찍으면 개념 학습 영상과 문제 풀이 영상도 보고, 수학 게임도 할 수 있어요.

이전에 배운 내용 ____ 1-2

❖ 덧셈과 뺄셈(2)
- (몇)+(몇)=(십몇)
- (십몇)-(몇)=(십), (십몇)-(몇)=(몇)
- 여러 가지 덧셈하기
- 여러 가지 뺄셈하기

이번에 배울 내용 ____ 1-2

❖ 덧셈과 뺄셈 (3)
- 받아올림이 없는 (몇십몇)+(몇), (몇십)+(몇십), (몇십몇)+(몇십몇)
- 받아내림이 없는 (몇십몇)-(몇), (몇십)-(몇십), (몇십몇)-(몇십몇)

이후에 배울 내용 ____ 2-1

❖ 덧셈과 뺄셈
- 받아올림이 있는 두 자리 수의 덧셈
- 받아내림이 있는 두 자리 수의 뺄셈

개념 1 덧셈 알아보기 (1)

· 받아올림이 없는 (몇십몇)+(몇)

예 노란색 구슬이 22개, 파란색 구슬이 5개 일 때 구슬은 모두 몇 개인지 구하기

(1) 여러 가지 방법으로 덧셈하기

방법 1 십 배열판에 그림을 그려 구하기

노란색 구슬의 수만큼 ○를, 파란색 구슬의 수만큼 △를 그려 봐요!

· 한 개의 십 배열판이 모두 채워지면 10입니다.

→ 십 배열판에 그려진 그림을 세면 **27**입 니다.

방법 2 수 모형으로 구하기

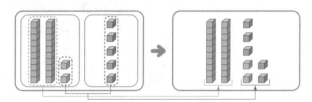

→ 십 모형 2개, 일 모형 7개이므로 **27** 입니다.

(2) 세로 셈으로 계산하기

$$\begin{array}{r} 22 \\ +\ 5 \\ \hline \end{array} \rightarrow \begin{array}{r} 2\,2 \\ +\ \ 5 \\ \hline 2\,7 \end{array}$$

그대로 내려 ┘   └ 2+5=7 씁니다.

낱개끼리, 10개씩 묶음끼리 자리를 맞추어 쓰고 더해.

개념 2 덧셈 알아보기 (2)

1. (몇십)+(몇십)

예 30+20의 계산

(1) 수 모형으로 구하기

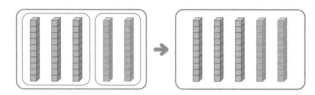

→ 십 모형이 5개이므로 **50**입니다.

(2) 세로 셈으로 계산하기

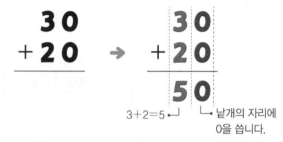

3+2=5 ┘   └ 낱개의 자리에 0을 씁니다.

2. 받아올림이 없는 (몇십몇)+(몇십몇)

예 14+21의 계산

(1) 수 모형으로 구하기

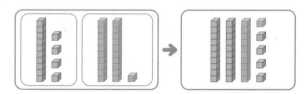

→ 십 모형 3개, 일 모형 5개이므로 **35** 입니다.

(2) 세로 셈으로 계산하기

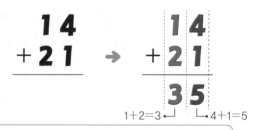

1+2=3 ┘ └ └ 4+1=5

10개씩 묶음끼리 더하고, 낱개끼리 더합니다.

개념 3 뺄셈 알아보기 (1)

• 받아내림이 없는 (몇십몇)−(몇)

예 27−3의 계산

(1) 수 모형으로 구하기

➡ 십 모형 2개, 일 모형 4개가 남으므로 24입니다.

(2) 세로 셈으로 계산하기

그대로 내려 씁니다.┘ └7−3=4

낱개끼리, 10개씩 묶음끼리 자리를 맞추어 쓰고 빼.

개념 4 뺄셈 알아보기 (2)

1. (몇십)−(몇십)

예 50−20의 계산

(1) 수 모형으로 구하기

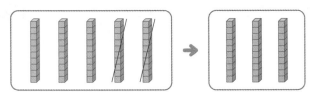

➡ 십 모형 3개가 남으므로 30입니다.

(2) 세로 셈으로 계산하기

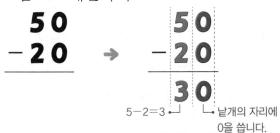

5−2=3┘ └낱개의 자리에 0을 씁니다.

2. 받아내림이 없는 (몇십몇)−(몇십몇)

예 46−23의 계산

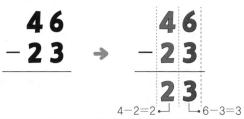

4−2=2┘ └6−3=3

10개씩 묶음끼리 빼고, 낱개끼리 뺍니다.

개념 5 덧셈과 뺄셈하기

1. 그림을 보고 식으로 나타내기

예 흰색 달걀이 34개 있고 갈색 달걀이 13개 있습니다.

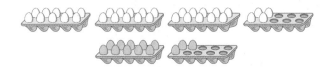

(1) 달걀이 모두 몇 개인지 덧셈식으로 나타내기

$$34+13=47$$

흰색 달걀의 수┘ └갈색 달걀의 수

(2) 흰색 달걀이 갈색 달걀보다 몇 개 더 많은지 뺄셈식으로 나타내기

$$34-13=21$$

흰색 달걀의 수┘ └갈색 달걀의 수

2. 여러 가지 덧셈과 뺄셈하기

12+10=22	57−10=47
12+20=32	57−20=37
12+30=42	57−30=27

더해지는 수는 그대로이고 더하는 수가 10씩 커지면 합도 10씩 커집니다.

빼지는 수는 그대로이고 빼는 수가 10씩 커지면 차는 10씩 작아집니다.

1단계 기본 유형 연습

1 덧셈 알아보기 (1) → 받아올림이 없는 (몇십몇)+(몇)

1 그림을 보고 덧셈을 하세요.

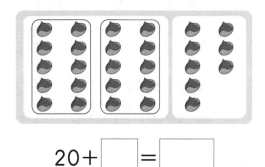

$$20 + \boxed{} = \boxed{}$$

2 □ 안에 알맞은 수를 써넣으세요.

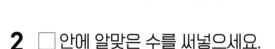

$$13 \rightarrow \boxed{+6} \rightarrow \boxed{}$$

3 두 수의 합을 구하세요.

$$45, \ 2$$

( )

4 빈칸에 알맞은 수를 써넣으세요.

+	31	32	33	36
3	34	35		

5 덧셈을 하여 정해진 색으로 구름을 색칠해 보세요.

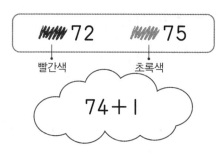

72 빨간색   75 초록색

74+1

6 합이 더 큰 식에 ◯표 하세요.

6+81	82+4

( )   ( )

7 수지는 우표를 어제까지 60장을 모았고, 오늘 2장을 더 모았습니다. 수지가 모은 우표는 모두 몇 장인가요?

꼭 단위까지 따라 쓰세요.

(장)

8 버스에 25명 타고 있었는데 이번 정류장에서 3명이 더 탔습니다. 지금 버스에 타고 있는 사람은 모두 몇 명인가요?

(명)

2 덧셈 알아보기(2) → (몇십)+(몇십), 받아올림이 없는 (몇십몇)+(몇십몇)

9 과자는 모두 몇 개인지 구하려고 합니다. □ 안에 알맞은 수를 써넣으세요.

40개	23개

$$40+23=\boxed{}$$

10 덧셈식에서 □ 안의 숫자 **5**가 나타내는 수는 얼마인가요?

$$\begin{array}{r} 3\ 3 \\ +\ 2\ 6 \\ \hline \boxed{5}\ 9 \end{array}$$

(   )

11 □ 안에 알맞은 수를 써넣으세요.

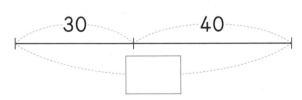

12 크기를 비교하여 ○ 안에 >, =, <를 알맞게 써넣으세요.

$$50+15\ \bigcirc\ 63$$

13 계산 결과를 찾아 이어 보세요.

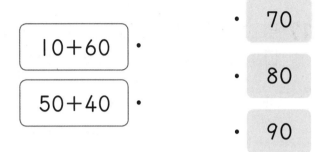

14 빈칸에 알맞은 수를 써넣으세요.

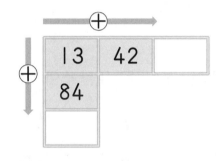

15 운동장에 남학생이 **62**명, 여학생이 **34**명 있습니다. 운동장에 있는 학생은 모두 몇 명인가요?

꼭 단위까지 따라 쓰세요.

(명   )

 문제 해결

16 귤이 **20**개씩 들어 있는 바구니가 **2**개 있습니다. 바구니 **2**개에 들어 있는 귤은 모두 몇 개인가요?

(개   )

3 뺄셈 알아보기(1) → 받아내림이 없는 (몇십몇)−(몇)

17 먹고 남은 사탕은 몇 개인지 구하려고 합니다. ☐ 안에 알맞은 수를 써넣으세요.

→ 먹은 사탕

$$24-3=\boxed{}$$

18 시후와 하린이가 말한 수의 차를 구하세요.

57

5

시후   하린

(   )

19 다음 뺄셈식에서 잘못 계산한 곳을 찾아 바르게 고쳐 보세요.

$$\begin{array}{r} 6\ 5 \\ -\ \ \ 4 \\ \hline 2\ 5 \end{array}$$ →

20 빈칸에 알맞은 수를 써넣으세요.

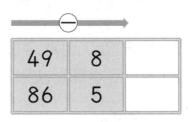

−		
49	8	
86	5	

21 차가 더 큰 것의 기호를 쓰세요.

㉠ 78−5   ㉡ 79−2

(   )

🔍 정보처리

22 주머니에서 수를 하나씩 골라 두 수의 차를 구하려고 합니다. 지호가 만들 수 있는 뺄셈식을 쓰세요.

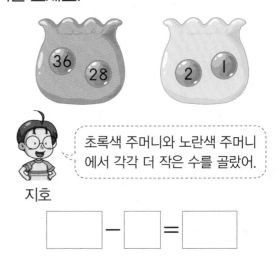

초록색 주머니와 노란색 주머니에서 각각 더 작은 수를 골랐어.

지호

$$\boxed{}-\boxed{}=\boxed{}$$

23 딱지를 선호는 35장 모았고, 은지는 3장 모았습니다. 은지가 선호와 딱지의 수가 같아지려면 몇 장을 더 모아야 하나요?

꼭 단위까지 따라 쓰세요.

(장   )

4 뺄셈 알아보기 (2) → (몇십)−(몇십), 받아내림이 없는 (몇십몇)−(몇십몇)

24 빈칸에 알맞은 수를 써넣으세요.

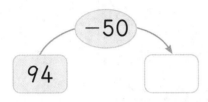

25 큰 수에서 작은 수를 뺀 값을 구하세요.

30, 80

(   )

26 바르게 계산한 식의 기호를 쓰세요.

⊙ 30−20=10
ⓒ 58−24=33

(   )

27 □ 안에 알맞은 수를 써넣으세요.

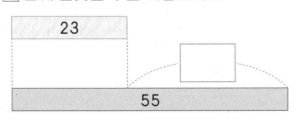

28 차가 같은 것끼리 색칠해 보세요.

29 판다와 대나무 잎을 알맞게 이어 보세요.

😀 의사소통

30 하린이의 일기장을 보고 □ 안에 알맞은 수를 써넣으세요.

나무에서 단풍잎 28장 중 16장이 떨어져
남은 단풍잎은 □ 장이 되었다.

31 가게에 흰 우유는 56개, 딸기 우유는 32개 있습니다. 흰 우유는 딸기 우유보다 몇 개 더 많은가요?

꼭 단위까지 따라 쓰세요.

(개   )

6

덧셈과 뺄셈 (3)

141

5 덧셈과 뺄셈하기

32 덧셈과 뺄셈을 하세요.

(1) $18+11=$ □

$18+21=$ □

$18+31=$ □

$18+41=$ □

(2) $56-10=$ □

$56-11=$ □

$56-12=$ □

$56-13=$ □

33 그림을 보고 빈칸에 알맞은 수를 써넣으세요.

57

67

77

□

□

□

 의사소통

34 지호가 말하는 수를 구하세요.

내 수는 33보다 15만큼 더 큰 수야.

 지호

( )

[35~36] 책장에 꽂혀 있는 책을 보고 물음에 답하세요.

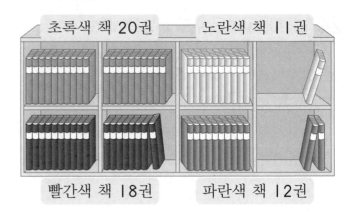

초록색 책 20권   노란색 책 11권

빨간색 책 18권   파란색 책 12권

35 초록색 책과 파란색 책은 모두 몇 권인가요?

식 _____   꼭 단위까지 따라 쓰세요.

답 _____ 권

36 빨간색 책은 노란색 책보다 몇 권 더 많은가요?

식 _____

답 _____ 권

37 알뜰 시장에서 각 물건을 사려면 다음과 같이 붙임딱지를 내야 합니다. 지수가 가지고 있는 붙임딱지 29장으로 물건을 한 가지 산다면 붙임딱지는 몇 장 남나요?

신발	연필
붙임딱지 11장	붙임딱지 2장
책	필통
붙임딱지 5장	붙임딱지 3장

사려는 물건 ( )

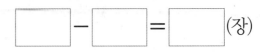

□ − □ = □ (장)

6 덧셈과 뺄셈의 활용

38 62 와 30 을 사용하여 덧셈식과 뺄셈식을 만들어 보세요.

62 + ☐ = ☐

☐ − ☐ = ☐

39 합과 차가 같은 것끼리 이어 보세요.

42+24 ·   · 75−25

10+40 ·   · 69−3

🔧 문제 해결

40 그림을 보고 여러 가지 덧셈식과 뺄셈식을 각각 만들어 보세요.

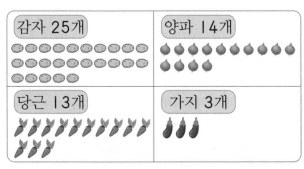

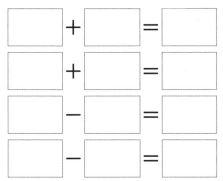

☐ + ☐ = ☐

☐ + ☐ = ☐

☐ − ☐ = ☐

☐ − ☐ = ☐

41 합과 차를 구하고 아래쪽에서 그 수를 찾아 색칠해 보세요.

31+14= ☐

87−43= ☐

17	53	26
44	32	45
56	42	38

[42~43] 냉장고에 오렌지 주스가 21병, 포도 주스가 38병 있습니다. 물음에 답하세요.

42 냉장고에 있는 주스는 모두 몇 병인가요?

식 _____ 꼭 단위까지 따라 쓰세요.

답 _____ 병

43 냉장고에 포도 주스는 오렌지 주스보다 몇 병 더 많은가요?

답 _____ 병

44 지민이는 구슬을 25개 가지고 있습니다. 동생은 지민이보다 4개 더 적게 있습니다. 동생이 가지고 있는 구슬은 몇 개인가요?

답 _____ 개

6

덧셈과 뺄셈 (3)

143

활용 1 **수를 골라 덧셈식과 뺄셈식 만들기**

각 주머니에서 수를 하나씩 골라 덧셈식 (뺄셈식)을 만듭니다.

1-1 두 주머니에서 수를 하나씩 골라 덧셈식을 만들어 보세요.

☐ + ☐ = ☐

☐ + ☐ = ☐

1-2 두 주머니에서 수를 하나씩 골라 뺄셈식을 만들어 보세요.

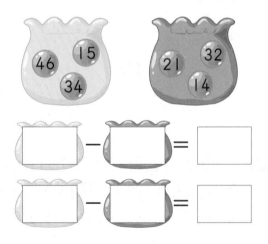

☐ − ☐ = ☐

☐ − ☐ = ☐

활용 2 **가장 큰 수와 가장 작은 수의 합과 차 구하기**

주어진 수의 크기를 비교하여 가장 큰 수와 가장 작은 수를 찾고 계산합니다.

2-1 가장 큰 수와 가장 작은 수의 합을 구하세요.

| 63 | 6 | 2 |

( )

2-2 가장 큰 수와 가장 작은 수의 차를 구하세요.

| 54 | 70 | 20 |

( )

2-3 가장 큰 수와 가장 작은 수의 차를 구하세요.

| 49 | 55 | 13 | 50 |

( )

활용 3 □ 안에 알맞은 숫자 구하기

❶ 낱개끼리의 계산에서 □ 안에 알맞은 숫자를 구합니다.

❷ 10개씩 묶음끼리의 계산에서 □ 안에 알맞은 숫자를 구합니다.

3-1 □ 안에 알맞은 숫자를 써넣으세요.

$$\begin{array}{r} \boxed{}\ 4 \\ +\ 3\ \boxed{} \\ \hline 5\ 9 \end{array}$$

3-2 □ 안에 알맞은 숫자를 써넣으세요.

$$\begin{array}{r} 6\ \boxed{} \\ +\ \boxed{}\ 3 \\ \hline 8\ 4 \end{array}$$

3-3 □ 안에 알맞은 숫자를 써넣으세요.

$$\begin{array}{r} 8\ \boxed{} \\ -\ \boxed{}\ 5 \\ \hline 6\ 1 \end{array}$$

활용 4 합 또는 차가 ■▲인 두 수 찾기

먼저 낱개끼리의 합(차)이 ▲인 두 수를 찾고 계산 결과가 맞는지 확인합니다.

4-1 차가 17인 두 수를 찾아 쓰세요.

| 10 | 32 | 27 | 59 |

(   ), (   )

4-2 차가 23인 두 수를 찾아 쓰세요.

| 11 | 35 | 44 | 58 |

(   ), (   )

4-3 합이 36인 두 수를 찾아 쓰세요.

| 14 | 21 | 32 | 15 |

(   ), (   )

6 덧셈과 뺄셈 (3)

1 두 수의 합과 차를 각각 구하세요.

76   23

합 (   )

차 (   )

2 빈칸에 알맞은 수를 써넣으세요.

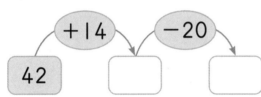

3 공원에 비둘기가 26마리 있었는데 2마리가 더 날아왔습니다. 지금 공원에 있는 비둘기는 모두 몇 마리인가요?

(   )

4 꽃밭에 민들레가 38송이, 국화가 6송이 있습니다. 어느 꽃이 몇 송이 더 많은가요?

(   ), (   )

Ⓢ 솔루션

앞에서부터 순서대로 계산해요.

꽃밭에 더 많이 있는 꽃부터 알아봐요.

정보처리

5 24를 사다리 타기 해서 나오는 수와 43의 합을 구하세요.

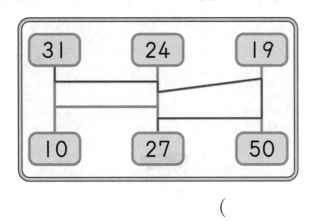

(   )

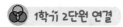 1학기 2단원 연결

6 같은 모양에 적힌 수의 합을 빈칸에 써넣으세요.

모양	◻	⬭	⬤
합	79		

7 그림을 보고 ◻ 안에 알맞은 수를 써넣으세요.

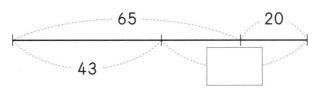

8 계산 결과가 60보다 큰 것을 찾아 기호를 쓰세요.

(   )

 솔루션

 사다리 타기는 세로 선을 따라 내려 가다가 가로로 놓인 선을 만나면 가로 선을 따라 내려 가야 해요.

먼저 같은 모양에 적힌 수를 알아봐요.

65와 20의 합은 43과 ◻의 합과 같아요.

😊 의사소통

9 바구니에 사과 35개, 키위 3개가 있습니다. 바르게 계산한 사람은 누구인가요?

은우: 사과와 키위는 모두 65개야.
$$\begin{array}{r} 3\ 5 \\ +\ 3 \\ \hline 6\ 5 \end{array}$$

서준: 사과와 키위는 모두 38개지.
$$\begin{array}{r} 3\ 5 \\ +\ \ 3 \\ \hline 3\ 8 \end{array}$$

유찬: 사과는 키위보다 5개 더 많이 있네.
$$\begin{array}{r} 3\ 5 \\ -\ 3 \\ \hline 5 \end{array}$$

( )

> 덧셈과 뺄셈을 할 때 10개씩 묶음끼리, 낱개끼리 계산해요.

10 운동장에 학생들이 한 줄에 10명씩 9줄로 서 있습니다. 그중에서 40명이 여학생이라면 남학생은 몇 명인지 구하세요.

( )

> 줄을 서 있는 학생이 모두 몇 명인지 먼저 구해요.

11 계산 결과가 나머지와 <u>다른</u> 하나를 찾아 기호를 쓰세요.

| ㉠ 77−50 | ㉡ 12+35 | ㉢ 49−2 |

( )

12 두 식의 계산 결과가 같을 때 ▢ 안에 알맞은 수를 구하세요.

$$87 - \boxed{} \qquad 41 + 33$$

(   )

두 식 중에서 ▢가 없는 식을 먼저 계산해요.

13 계산 결과가 큰 순서대로 글자를 써서 낱말을 만들어 보세요.

$$75 - 34 \qquad 22 + 16 \qquad 94 - 43$$

이   터   놀

(   )

14 다음에서 두 수를 골라 합이 가장 크게 되도록 덧셈식을 만들어 보세요.

$$16 \quad 9 \quad 21 \quad 5$$

$$\boxed{} + \boxed{} = \boxed{}$$

두 수의 합이 가장 크려면 더하는 두 수가 될 수 있는대로 커야 해요.

15 3장의 수 카드 $\boxed{3}$, $\boxed{5}$, $\boxed{9}$ 중에서 2장을 골라 한 번씩만 사용하여 가장 큰 몇십몇을 만들었습니다. 만든 수보다 30만큼 더 작은 수를 구하세요.

(   )

가장 큰 몇십몇은 가장 큰 수를 10개씩 묶음의 수로, 둘째로 큰 수를 낱개의 수로 써서 만들어요.

심화 1

□ 안에 들어갈 수 있는 수 구하기

'<'를 '='로 놓고 계산한 후 처음 식에서 □ 안에 들어갈 수의 범위를 알아보자!

◆ 1부터 9까지의 수 중에서 □ 안에 들어갈 수 있는 수를 모두 구하세요.

$$24 + \boxed{} < 28$$

문제해결

1 $24 + \boxed{} = 28$일 때 □ 안에 알맞은 수를 구하세요.

(   )

2 알맞은 말에 ○표 하세요.

$24 + \boxed{} < 28$을 만족하려면 □ 안에는 위 **1**에서 구한 수보다 (작은 , 큰) 수가 들어가야 합니다.

3 1부터 9까지의 수 중에서 □ 안에 들어갈 수 있는 수를 모두 구하세요.

(   )

🏋️ 쌍둥이

1-1 1부터 9까지의 수 중에서 □ 안에 들어갈 수 있는 수를 모두 구하세요.

$$35 + \boxed{} < 38$$

답 _____

💡 변형

1-2 1부터 9까지의 수 중에서 □ 안에 들어갈 수 있는 수를 모두 구하세요.

$$37 - \boxed{} > 32$$

답 _____

6

덧셈과 뺄셈 (3)

심화 2

표를 보고 조건에 맞는 수의 합 구하기

기준이 되는 수보다 더 큰 수를 찾자!

◆ 현아보다 문제를 더 많이 맞힌 어린이들이 맞힌 문제 수의 합은 몇 개인지 구하세요.

이름	창섭	영지	현아	은우
맞힌 문제 수(개)	13	21	10	8

문제해결

1 현아가 맞힌 문제는 몇 개인가요?

( )

2 현아보다 문제를 더 많이 맞힌 어린이는 누구인지 모두 쓰세요.

( )

3 현아보다 문제를 더 많이 맞힌 어린이들이 맞힌 문제 수의 합은 몇 개인지 구하세요.

( )

쌍둥이

2-1 지수보다 책을 더 많이 읽은 어린이들이 읽은 책 수의 합은 몇 권인가요?

이름	지수	재훈	정규	수호
읽은 책 수(권)	9	4	10	20

답 _____

변형

2-2 태준이는 소현이보다 붙임딱지를 3장 더 적게 모았습니다. 태준이보다 붙임딱지를 더 많이 모은 어린이들이 모은 붙임딱지 수의 합은 몇 장인가요?

이름	인영	태준	소현	혜진
모은 붙임딱지 수(장)	23		15	9

답 _____

6

덧셈과 뺄셈 (3)

151

심화 3

덧셈과 뺄셈의 활용

'~보다 더 많이, 모두 몇 개'는 덧셈, '~보다 더 적게, 남는 것 몇 개'는 뺄셈으로 구하자!

◆ 농장에서 닭이 흰색 달걀을 46개 낳았고, 갈색 달걀을 5개 더 적게 낳았습니다. 달걀은 모두 몇 개인지 구하세요.

문제해결

1 갈색 달걀은 몇 개인지 구하세요.

( )

2 달걀은 모두 몇 개인지 구하세요.

( )

🔀 쌍둥이

3-1 떡 가게에 꿀떡이 38개 있고, 찹쌀떡이 꿀떡보다 7개 더 적게 있습니다. 떡은 모두 몇 개인지 구하세요.

답 _____

💡 변형

3-2 지완이와 형은 귤 따기 체험을 하였습니다. 귤을 지완이가 10개 땄고, 형은 지완이보다 25개 더 많이 땄습니다. 지완이와 형이 딴 귤 중 13개를 먹었습니다. 남은 귤은 몇 개인지 구하세요.

답 _____

심화
4

바르게 계산한 값 구하기

모르는 수를 □라 하여 식을 세워 보자.

◆ 어떤 수에 42를 더해야 할 것을 잘못하여 뺐더니 12가 되었습니다. 바르게 계산한 값을 구하세요.

문제해결

1 어떤 수를 □라 하여 잘못 계산한 식을 만들어 보세요.

식 _____

2 어떤 수를 구하세요.

(   )

3 바르게 계산한 값을 구하세요.

(   )

🔶 쌍둥이

4-1 어떤 수에 24를 더해야 할 것을 잘못하여 뺐더니 20이 되었습니다. 바르게 계산한 값을 구하세요.

답 _____

💡 변형

4-2 어떤 수에서 13을 빼야 할 것을 잘못하여 더했더니 37이 되었습니다. 바르게 계산한 값을 구하세요.

답 _____

6

덧셈과 뺄셈
(3)

153

심화 5

모양이 나타내는 수 구하기
알 수 있는 모양의 수부터 차례로 구하자!

◆ 같은 모양은 같은 수를 나타낼 때, ●에 알맞은 수를 구하세요.

> · 16+23=■
> · ■-5=▲
> · ▲+▲=●

문제해결

1 ■에 알맞은 수를 구하세요.

(   )

2 ▲에 알맞은 수를 구하세요.

(   )

3 ●에 알맞은 수를 구하세요.

(   )

🏳 쌍둥이

5-1 같은 모양은 같은 수를 나타낼 때, ★에 알맞은 수를 구하세요.

> · 24+31=◆
> · ◆-13=●
> · ●+●=★

답 _____

💡 변형

5-2 같은 모양은 같은 수를 나타낼 때, ♥에 알맞은 수를 구하세요.

> · 75-53=●
> · ●+40=★
> · ♥+♥=★

답 _____

심화 6

수 카드로 만든 두 수의 차(합) 구하기

두 수의 차가 가장 크려면 (가장 큰 수)−(가장 작은 수)이어야 해!

◆ 수 카드 4장을 한 번씩만 사용하여 몇십몇을 2개 만들려고 합니다. 만든 두 수의 차가 가장 클 때의 값을 구하세요.

| 4 | 5 | 1 | 7 |

문제해결

1 알맞은 말에 ○표 하세요.

두 수의 차가 가장 크게 되려면 가장 큰 수에서 가장 (큰 , 작은) 수를 빼야 합니다.

2 가장 큰 몇십몇과 가장 작은 몇십몇을 각각 만들어 보세요.

가장 큰 몇십몇 (   )
가장 작은 몇십몇 (   )

3 만든 두 수의 차가 가장 클 때의 값을 구하세요.

(   )

쌍둥이

6-1 수 카드 4장을 한 번씩만 사용하여 몇십몇을 2개 만들려고 합니다. 만든 두 수의 차가 가장 클 때의 값을 구하세요.

| 3 | 8 | 5 | 2 |

답 _____

변형

6-2 수 카드 4장 중 2장을 뽑아 한 번씩만 사용하여 몇십몇을 만들려고 합니다. 만든 두 수의 합이 가장 작을 때의 값은 얼마인지 구하세요.

| 4 | 9 | 2 | 5 |

 답 _____

3 단계 심화 ➕ 유형 완성

⚡ 추론

1 1부터 9까지의 수 중에서 □ 안에 들어갈 수 있는 수는 모두 몇 개인지 구하세요.

$$41+16>\boxed{}8$$

(   )

2 민호 어머니의 나이는 45살이고, 아버지는 어머니보다 4살 더 많습니다. 민호는 아버지보다 41살 더 적을 때 민호는 몇 살인가요?

(   )

3 같은 과일은 같은 수를 나타냅니다. □ 안에 알맞은 수를 구하세요.

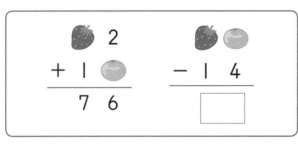

(   )

4 색종이를 원우는 48장, 민규는 55장을 가지고 있었습니다. 종이접기를 하는데 원우는 15장, 민규는 20장을 사용하였습니다. 색종이가 더 많이 남은 사람의 이름을 쓰세요.

(　　　　　　　)

🔒 문제 해결

5 다람쥐가 겨울잠 준비를 위해 도토리를 나무에 22개, 땅 속에 45개 숨겨 두었습니다. 이 중에서 10개씩 묶음 3개는 먹었고 남은 도토리는 어디에 숨겼는지 잊어 버렸습니다. 다람쥐가 먹지 못한 도토리는 몇 개인지 구하세요.

(　　　　　　　)

6

덧셈과 뺄셈 (3)

157

6 공깃돌을 태연이는 35개, 혜리는 13개 가지고 있습니다. 두 사람이 가진 공깃돌의 수가 같아지려면 태연이는 혜리에게 몇 개를 주어야 하는지 구하세요.

(　　　　　　　)

BOOK❷ 22~27쪽에서 경시대회 문제 도전!

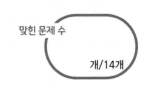
Test 단원 실력 평가

1 빈칸에 알맞은 수를 써넣으세요.

20 → +4 →

2 계산 결과를 찾아 이어 보세요.

75-42 ·

34+23 ·

· 57

· 45

· 33

3 두 수의 차를 구하세요.

25   67

(   )

4 다음이 나타내는 수를 구하세요.

39보다 10만큼 더 큰 수

(   )

5 계산 결과가 더 작은 식을 가지고 있는 사람의 이름을 쓰세요.

94-42   26+23

서준   은우

(   )

[6~7] 그림을 보고 알맞은 식을 세우고 답을 구하세요.

장미 14송이	튤립 20송이
국화 11송이	백합 4송이

6 튤립과 국화는 모두 몇 송이인가요?

식 _____

답 _____

7 장미는 백합보다 몇 송이 더 많은가요?

식 _____

답 _____

8 ☐ 안에 알맞은 숫자를 써넣으세요.

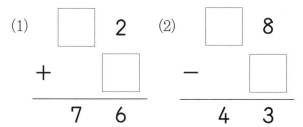

(1)

```
   ☐ 2
+    ☐
─────
   7 6
```

(2)

```
   ☐ 8
−    ☐
─────
   4 3
```

9 다음에서 두 수를 골라 합이 가장 크게 되도록 덧셈식을 만들어 보세요.

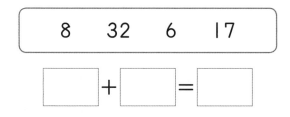

| 8 | 32 | 6 | 17 |

☐ + ☐ = ☐

10 체육관에 배구공이 30개 있고, 농구공은 배구공보다 10개 더 많이 있습니다. 체육관에 있는 배구공과 농구공은 모두 몇 개인가요?

(   )

11 같은 모양은 같은 수를 나타냅니다. ●가 나타내는 수를 구하세요.

```
23+15=■
■−12=▲
●+●=▲
```

(   )

12 수 카드 3장 중에서 2장을 뽑아 한 번씩만 사용하여 가장 큰 몇십몇을 만들었습니다. 만든 수와 나머지 수 카드의 수의 차를 구하세요.

| 7 | 5 | 8 |

(   )

서술형

13 가장 큰 수와 가장 작은 수의 합을 구하려고 합니다. 풀이 과정을 쓰고 답을 구하세요.

| 17 | 24 | 60 | 51 |

풀이 _____

_____

_____

_____

답 _____

서술형

14 0부터 9까지의 수 중에서 ☐ 안에 들어갈 수 있는 수는 모두 몇 개인지 풀이 과정을 쓰고 답을 구하세요.

58−4>5☐

풀이 _____

_____

_____

_____

답 _____

MEMO

www.chunjae.co.kr

빈틈없는
수준별 학습으로
빠져나갈 구멍 없이
완전봉쇄!

사고력

서술형

독해력

이제 긴 문제도
어렵지 않아요!

기본기와 서술형을 한 번에, 확실하게
수학 자신감은 덤으로!

수학리더 시리즈 (초1~6 / 학기용)

[연산]
(*예비초~초6/총14단계)

[개념]

[기본]

[유형]

[기본＋응용]

[응용·심화]

[최상위]
(*초3~6)

#차원이_다른_클라쓰
#강의전문교재
#초등교재

수학교재

● **수학리더 시리즈**
- 수학리더 [연산]   예비초~6학년/A·B단계
- 수학리더 [개념]   1~6학년/학기별
- 수학리더 [기본]   1~6학년/학기별
- 수학리더 [유형]   1~6학년/학기별
- 수학리더 [기본+응용]   1~6학년/학기별
- 수학리더 [응용·심화]   1~6학년/학기별
- 신간 수학리더 [최상위]   3~6학년/학기별

● **독해가 힘이다 시리즈** *문제해결력
- 수학도 독해가 힘이다   1~6학년/학기별
- 신간 초등 문해력 독해가 힘이다 문장제 수학편   1~6학년/단계별

● **수학의 힘 시리즈**
- 신간 수학의 힘   1~2학년/학기별
- 수학의 힘 알파[실력]   3~6학년/학기별
- 수학의 힘 베타[유형]   3~6학년/학기별

● **Go! 매쓰 시리즈**
- Go! 매쓰(Start) *교과서 개념   1~6학년/학기별
- Go! 매쓰(Run A/B/C) *교과서+사고력   1~6학년/학기별
- Go! 매쓰(Jump) *유형 사고력   1~6학년/학기별

● **계산박사**   1~12단계

● **수학 더 익힘**   1~6학년/학기별

월간교재

● **NEW 해법수학**   1~6학년

● **해법수학 단원평가 마스터**   1~6학년/학기별

● **월간 무등생평가**   1~6학년

전과목교재

● **리더 시리즈**
- 국어   1~6학년/학기별
- 사회   3~6학년/학기별
- 과학   3~6학년/학기별

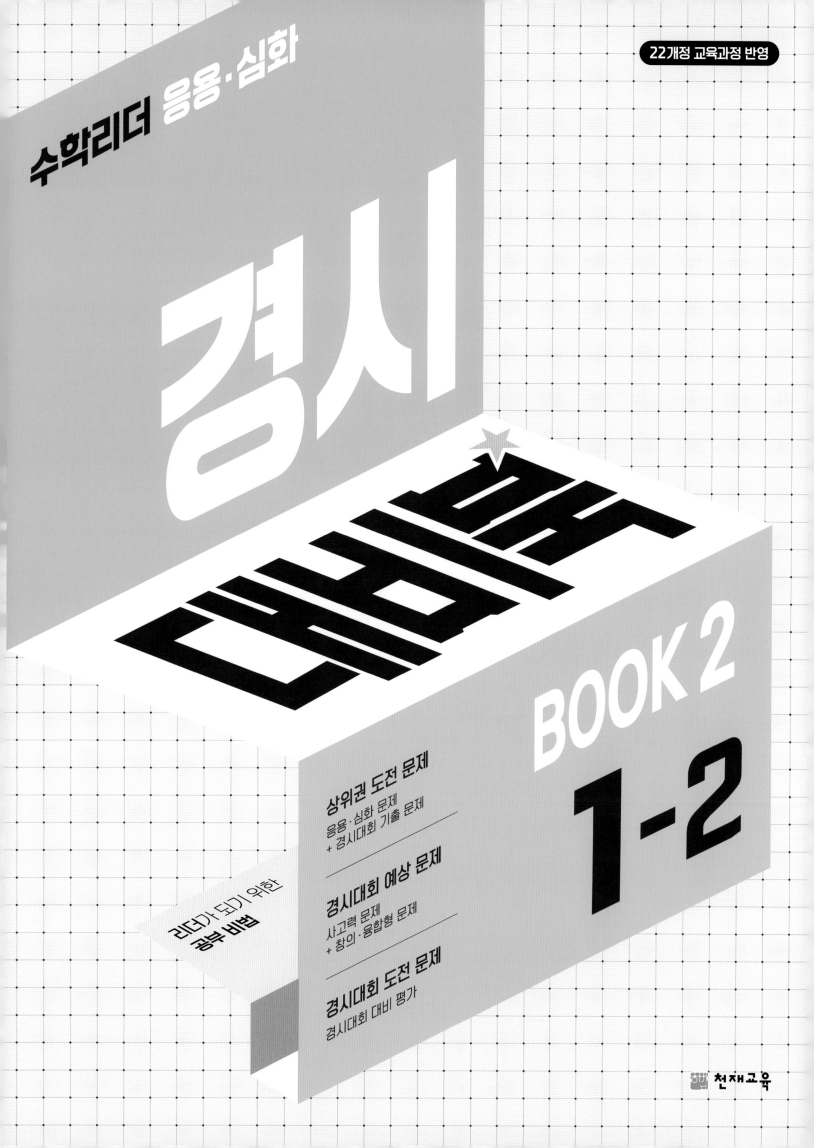

경시 대비북
포인트 3가지

▶ 다양한 응용·심화 유형을 풀며 상위권 도약

▶ 수학 경시대회에 출제된 다양한 문제 수록

▶ 각종 교내·외 경시대회 대비 가능

수학 리더 응용 심화 1-2

BOOK 2

경시 대비북 **차례**

1 어제 수학 문제집을 연석이는 칠십이 쪽부터 칠십육 쪽까지 풀었습니다. 연석이가 어제 푼 수학 문제집의 쪽수는 몇 쪽인가요?

답 _____

2 소윤이와 민재가 말한 수 사이에는 4개의 수가 있습니다. ◆에 알맞은 수를 구하세요.

 10개씩 묶음 8개와 낱개 ◆개인 수

소윤

93보다 1만큼 더 큰 수

민재

답 _____

수학 교과 역량_추론

3 다음을 읽고 태현이와 인성이 사이에 서 있는 학생은 모두 몇 명인지 구하세요.

· 100명이 한 줄로 서 있습니다.
· 태현이는 앞에서 89번째에 서 있습니다.
· 인성이는 뒤에서 4번째에 서 있습니다.

답 _____

▶ 정답과 해설 **33**쪽

4 | 부터 |00까지의 수를 한 번씩 모두 쓰려고 합니다. 숫자 |은 모두 몇 번 써야 하나요?

답 _____

HME 기출 유형

5 항준이와 친구들이 모은 우표의 수입니다. 우표를 은희가 둘째로 많이 모았을 때 ▲에 알맞은 수를 구하세요. (단, ▲는 0부터 9까지의 수 중 하나입니다.)

이름	항준	은희	혜수	정아
우표의 수(장)	65	▲7	85	92

답 _____

HME 기출 유형

6 앞면과 뒷면에 적힌 수의 합이 9인 수 카드가 2장 있습니다. 수 카드의 앞면이 다음과 같을 때 수 카드를 한 번씩만 사용하여 몇십몇을 만들려고 합니다. 만들 수 있는 수 중 서로 다른 홀수는 모두 몇 개인가요? (단, 뒷면에 적힌 수를 이용하여 수를 만들 수도 있습니다.)

답 _____

1

100
까지
의
수

3

1 주어진 수 중에서 10개씩 묶음의 수가 낱개의 수보다 작은 홀수를 구하세요.

> 29보다 크고 36보다 작은 수

답 _____

2 영기, 어진, 수현 세 사람이 가지고 있는 색연필의 수와 그 수의 크기를 비교한 것입니다. 어진이가 가지고 있는 색연필은 몇 자루인가요?

영기		어진		수현
10자루씩 묶음 5개와 낱개 7자루	<	■ 1 자루	<	10자루씩 묶음 6개와 낱개 4자루

답 _____

수학 교과 역량_문제해결

3 다음과 같이 1부터 6까지의 수가 적혀 있는 주사위 2개를 각각 동시에 던져서 나온 수로 몇십몇을 만들려고 합니다. 만들 수 있는 수 중에서 ㉠과 ㉡의 합이 8인 수는 모두 몇 개인가요?

10개씩 묶음	낱개
3 를 던져 나온 수	6 4 를 던져 나온 수
㉠	㉡

답 _____

4 짝 지은 두 수의 크기를 비교하여 더 큰 수를 아래 빈칸에 숫자로 써넣을 때 ㉠에 알맞은 수를 구하세요.

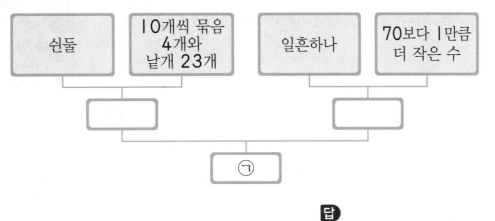

답 _____

수학 교과 역량_정보처리

5 가로 방향(➡)과 세로 방향(⬇)으로 각각 가로 열쇠와 세로 열쇠를 풀어 퍼즐을 완성했을 때 총 4번 쓰게 되는 숫자는 무엇인가요?

〈가로 열쇠〉
① 59보다 1만큼 더 작은 수
③ 96보다 크고 98보다 작은 수
⑤ 10개씩 묶음 6개와 낱개 15개인 수
⑦ 100보다 1만큼 더 작은 수

〈세로 열쇠〉
② 여든일곱
④ 68보다 1만큼 더 큰 수
⑥ 10개씩 묶음 5개와 낱개 9개인 수
⑧ 10개씩 묶음의 수가 7이고, 낱개의 수는
   10개씩 묶음의 수보다 2만큼 더 큰 수

답 _____

1 현성이는 형보다 2살 적고, 동생은 현성이보다 4살 적습니다. 형이 10살이라면 동생은 몇 살인가요?

답 _____

HME 기출 유형

2 ㉠과 ㉡에 알맞은 수의 합을 구하세요.

| ㉠+8=10 | 10-㉡=9 |

답 _____

3 어느 가게에서 초콜릿, 딸기, 바나나 우유를 판매합니다. 오늘은 초콜릿 우유가 6개, 딸기 우유가 7개 팔렸고, 바나나 우유는 초콜릿 우유보다 3개 덜 팔렸습니다. 오늘 팔린 우유는 모두 몇 개인지 구하세요.

답 _____

4 보기 에서 규칙을 찾아 ☐ 안에 알맞은 수를 구하세요.

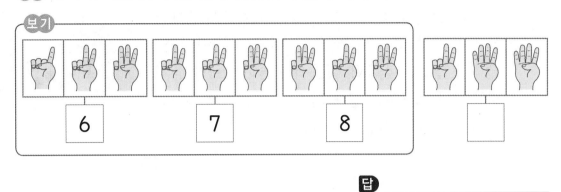

답 _____

5 돌멩이(●)를 던져 놓은 곳의 점수의 합이 더 높은 사람이 이기는 게임을 하고 있습니다. 돌멩이를 3개씩 던졌을 때 지효와 세찬이 중 이긴 사람은 누구인가요?

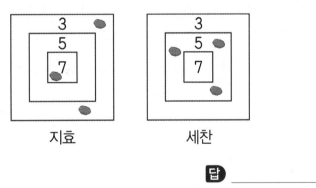

지효   세찬

답 _____

수학 교과 역량_추론

6 이웃한 두 수끼리 모았을 때 10이 되도록 3개의 도미노를 골라 알맞게 놓으려고 합니다. 빈 곳에 알맞은 도미노가 <u>아닌</u> 것의 기호를 쓰세요.

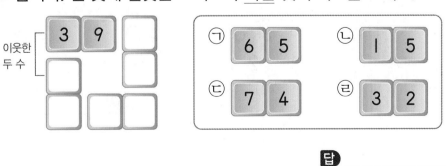

답 _____

1 오른쪽 그림과 같이 바둑돌 10개 중에서 6개를 남겨놓고 나머지 바둑돌을 두 상자에 나누어 넣었습니다. 빨간색 상자에 넣은 바둑돌이 파란색 상자에 넣은 바둑돌보다 2개 더 많다면 빨간색 상자에는 몇 개의 바둑돌을 넣었나요?

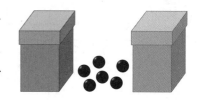

답 _____

2 두 주머니에 공이 5개씩 들어 있습니다. 각 주머니에서 공을 한 개씩 꺼낼 때 두 수의 합이 10이 되는 경우는 모두 몇 가지인가요?

(단, 꺼낸 순서는 생각하지 않습니다.)

답 _____

3 규칙을 찾아 빈 곳에 알맞은 수를 구하세요.

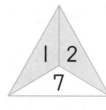 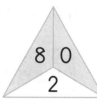  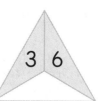

답 _____

▶ 정답과 해설 **34**쪽

4 책꽂이에 꽂혀 있는 동화책과 위인전 수의 합은 **8**권이고, 위인전과 만화책 수의 합은 **7**권입니다. 책꽂이에 꽂혀 있는 동화책, 위인전, 만화책 수의 합이 **10**권일 때 가장 많은 책은 가장 적은 책보다 몇 권 더 많은가요?

🔲 답 _____

5 **1**부터 **9**까지의 수 중에서 ☐ 안에 들어갈 수 있는 수를 모두 구하세요.

$$2+8+7<6+\boxed{}+4$$

🔲 답 _____

수학 교과 역량_문제해결

6 석진, 재석, 종국이가 가위바위보를 하였는데 세 사람이 펼친 손가락 수의 합은 **10**개였습니다. 한 사람만 졌다면 가위, 바위, 보 중에서 진 사람이 낸 것은 무엇인가요?

🔲 답 _____

1 오른쪽 그림과 같이 ▊, ▲, ● 모양을 겹치도록 바닥에 차례대로 5장을 놓았습니다. 네 번째로 놓은 모양은 무엇인가요?

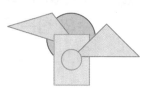

답 _____

2 수미가 오른쪽과 같이 가방을 꾸몄더니 ● 모양만 5개 남았습니다. ▊, ▲, ● 모양 중 처음에 가장 많이 가지고 있던 모양과 그 개수를 구하세요.

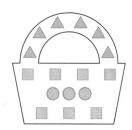

답 _____ , _____

수학 교과 역량_정보처리

3 주아가 세운 생활 계획표입니다. 계획표대로 주아가 해야 하는 일을 바르게 말한 사람은 누구인가요?

12시	1시	2시	3시	4시	5시	6시	7시	8시	9시	10시
점심 식사	피아노	태권도	영어 공부	수학 공부	운동	텔레 비전	저녁 식사	일기 쓰기	잠자기	…

짧은바늘이 4와 5의 가운데, 긴바늘이 6을 가리키는 시각에는 영어 공부를 해야 해.

짧은바늘이 8, 긴바늘이 12를 가리키는 시각부터 텔레비전을 볼 수 있어!

짧은바늘이 9보다 1만큼 더 큰 수, 긴바늘이 12를 가리키는 시각에는 잠을 자고 있어야 해.

 지유

 지호

 다은

답 _____

4  모양에서 뽀족한 부분의 수를 모두 세어 쓰려고 합니다. ㉠, ㉡, ㉢에 알맞은 수의 합을 구하세요.

8	㉠	㉡	㉢

답 _____

5 다음은 아침에 성현이가 본 거울에 비친 시계입니다. 이 시각에 대한 설명을 찾아 기호를 쓰세요.

> ㉠ 시계가 나타내는 시각은 7시 30분입니다.
> ㉡ 7시보다 늦고 8시보다 빠릅니다.
> ㉢ 짧은바늘이 6, 긴바늘이 12를 가리키는 시각보다 늦습니다.

답 _____

6 오른쪽 점 종이에 ▲ 모양을 그리려고 합니다. 뽀족한 부분이 모두 점에 놓이도록 그릴 때 서로 다른 ▲ 모양은 모두 몇 가지 그릴 수 있나요?

(단, 뒤집거나 돌렸을 때 모양과 크기가 같으면 한 가지 경우로 생각합니다.)

답 _____

1 ■ 모양 2개, ▲ 모양 2개, ● 모양 2개를 이용하여 얼굴을 꾸민 사람은 누구인가요?

하린

도윤

시후

 답 _____

수학 교과 역량_추론

2 겹쳐진 그림을 보고 ■, ▲, ● 모양 중 개수가 가장 많은 모양을 찾아 쓰세요. (단, 완전히 겹친 모양은 없습니다.)

 답 _____

3 민재가 설명하는 시각을 거울에 비추었을 때 나타나는 모양을 찾아 기호를 쓰세요.

민재

시계의 짧은바늘은 합이 5인 두 수의 가운데를 가리키고, 긴바늘은 6을 가리켜.

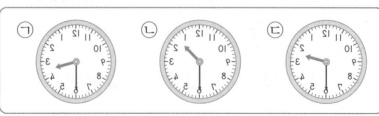

답 _____

▶ 정답과 해설 **36**쪽

4 오른쪽 색종이를 점선을 따라 모두 잘랐을 때 생기는 모양을 이 어 붙이려고 합니다. 만들 수 <u>없는</u> 모양을 찾아 기호를 쓰세요.

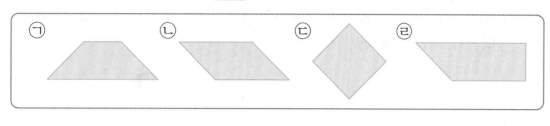

답 _____

5 주경이와 친구들이 집에 도착한 시각입니다. 3시와 5시 사이에 집에 도착한 사람은 몇 명인가요?

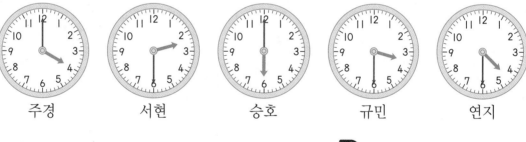

답 _____

수학 교과 역량_문제해결

6 오른쪽 그림에서 이 표시된 부분을 포함하는 크고 작은 ▨ 모양은 모두 몇 개인지 구하세요.

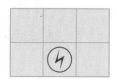

답 _____

1 영지의 책꽂이에 교과서, 공책, 동화책이 모두 17권 꽂혀 있고, 이 중 동화책은 9권입니다. 영지의 책꽂이에 꽂혀 있는 교과서의 수와 공책의 수가 같다면 교과서는 몇 권인가요?

답 _____

2 버스에 사람이 16명 타고 있었습니다. 정류장에서 7명이 내리고 3명이 더 탔다면 지금 버스에 타고 있는 사람은 몇 명인가요?

답 _____

수학 교과 역량_실생활 연결

3 정한이가 봄에 볼 수 있는 식물의 꽃잎 수와 겨울잠을 자는 동물의 다리 수를 조사했습니다. 식물의 꽃잎 수의 합과 동물의 다리 수의 합이 같았습니다. 영춘화의 꽃잎은 몇 장인가요?

〈식물의 꽃잎 수〉

종류	영춘화	벚꽃	메꽃
꽃잎 수	□장	5장	1장

〈동물의 다리 수〉

종류	개구리	다람쥐	고슴도치
다리 수	4개	4개	4개

답 _____

4 어느 과일 가게에서 사람들이 사과, 배, 감을 다음과 같이 샀습니다. 사과만 산 사람은 몇 명인지 구하세요.

> • 사과를 산 사람은 12명, 배를 산 사람은 8명, 감을 산 사람은 13명입니다.
> • 사과와 배만 같이 산 사람은 3명입니다.
> • 배와 감만 같이 산 사람은 2명입니다.
> • 사과와 감만 같이 산 사람은 4명입니다.
> • 사과, 배, 감을 모두 산 사람은 없습니다.

답 _____

5 지영이와 정아가 가위바위보를 하여 규칙에 따라 계단을 오르내리고 있습니다. 가위바위보를 1번 했을 때 정아는 지영이보다 12계단 위에 있었습니다. 정아는 가위, 바위, 보 중 무엇을 냈는지 구하세요. (단, 두 사람은 10번째 계단에서 가위바위보를 시작했습니다.)

규칙

> • 이길 때: 를 내어 이기면 4계단 올라가고,
>
> 를 내어 이기면 8계단 올라가고,
>
> 를 내어 이기면 6계단 올라가기
> • 비길 때: 제자리에 있기
> • 질 때: 4계단 내려가기

답 _____

1 수 카드를 2장 골라서 카드에 적힌 두 수의 차를 구하려고 합니다. 차가 더 큰 사람은 누구인가요?

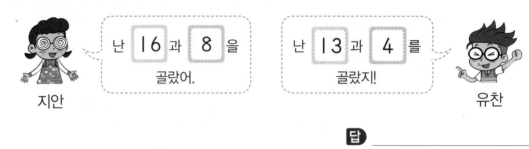

난 16과 8을 골랐어.   지안

난 13과 4를 골랐지!   유찬

답 _____

2 1부터 9까지의 수 중에서 □ 안에 들어갈 수 있는 수를 모두 구하세요.

$$3+8<6+\square$$

답 _____

수학 교과 역량_정보처리

3 오른쪽 과녁에 화살을 쏘아 빨간색 칸을 맞히면 적힌 수만큼 점수를 더하고, 초록색 칸을 맞히면 적힌 수만큼 점수를 빼야 합니다. 세 사람의 기본 점수는 각각 12점이고 다음과 같이 화살을 2개씩 맞혔을 때 점수가 가장 높은 사람의 이름을 쓰세요.

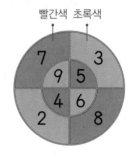

빨간색 초록색

난 9, 4를 맞혔어.   다은

난 6, 7을 맞혔어.   도윤

난 2, 5를 맞혔어.   지호

답 _____

덧셈과 뺄셈 (2)

▶ 정답과 해설 **37**쪽

4 원영이와 유진이가 수 카드 **5**장 중 **2**장씩 골라 두 수의 차를 구하려고 합니다. 원영이는 7 과 13 을 골랐고, 유진이는 원영이보다 두 수의 차가 더 크게 되도록 수 카드를 고르려고 합니다. 유진이는 어떤 수가 적힌 카드 **2**장을 골라야 하는지 구하세요. (단, 원영이가 고른 수 카드는 고를 수 없습니다.)

7   6   4   12   13

답 _____

5 □ 안에 알맞은 수가 큰 순서대로 기호를 쓰세요.

ㄱ □ +8=11   ㄴ 12- □ =7

ㄷ □ -4=9   ㄹ 7+ □ =16

답 _____

6 지수, 민재, 은수가 초콜릿을 몇 개씩 가지고 있었습니다. 지수는 초콜릿을 민재에게 **4**개 주고, 은수에게 **3**개 주었습니다. 또, 은수가 초콜릿을 민재에게 **5**개 주었더니 세 사람이 가진 초콜릿의 수가 모두 같아졌습니다. 처음에 지수는 민재보다 초콜릿을 몇 개 더 많이 가지고 있었는지 구하세요.

답

1 규칙에 따라 모양을 다음과 같이 놓았습니다. 20번째까지 ▲ 모양은 모두 몇 번 나오는지 구하세요.

답 _____

2 규칙에 따라 수 배열표에 초록색과 빨간색을 각각 색칠했을 때, 초록색과 빨간색이 모두 칠해지는 수를 찾아 쓰세요.

초록색 ←   ┌→ 빨간색

51	52	53	54	55	56	57	58	59	60
61	62	63	64	65	66	67	68	69	70
71	72	73	74	75	76	77	78	79	80
81	82	83	84	85	86	87	88	89	90

답 _____

HME 기출 유형

3 규칙에 따라 ㉠에 들어갈 수 있는 수는 모두 몇 개인가요?

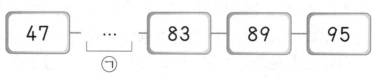

답 _____

4 규칙에 따라 몸으로 나타내었습니다. ㉠, ㉡에서 동시에 보기의 몸 동작을 하는 경우는 모두 몇 번인가요?

보기

답 _____

5 찢어진 수 배열표의 색칠한 칸의 수들이 커지는 규칙에 따라 60부터 시작하여 ◯ 안에 알맞은 수를 써넣으세요.

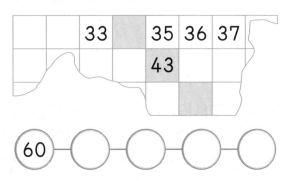

60 ─ ◯ ─ ◯ ─ ◯ ─ ◯

6 보기에서 규칙을 찾아 □ 안에 알맞은 수를 구하세요.

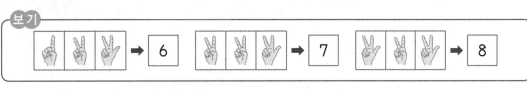

답 _____

3 규칙에 맞게 시각을 시계에 나타내려고 합니다. 셋째 시계가 나타내는 시각을 구하세요.

첫째　　둘째　　셋째　　넷째　　다섯째　　여섯째　　일곱째

답 _____

4 규칙에 따라 수를 써넣은 수 배열표입니다. ㉠과 ㉡에 알맞은 수의 차를 구하세요.

8				
7	8		㉡	
6	7	8		
5	㉠	7	8	
4	5	6	7	8

답 _____

5 규칙에 따라 여러 가지 모양을 늘어놓은 것입니다. 모양을 16번째까지 늘어놓았을 때 놓은 ⬤ 모양은 🔲 모양보다 몇 개 더 많은지 구하세요.

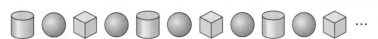

답 _____

HME 기출 유형

1 다음에서 합이 **57**인 두 수 중에서 더 작은 수를 쓰세요.

| 4 | 12 | 23 | 60 | 45 |

답 _____

수학 교과 역량_추론

2 0부터 9까지의 수 중에서 □ 안에 들어갈 수 있는 수는 모두 몇 개인가요?

$$10+2\square<33$$

답 _____

수학 교과 역량_1단원 연결

3 올해 성한이의 나이는 8살이고 할아버지의 나이는 성한이보다 61살 더 많습니다. 성한이는 할아버지의 생신 케이크에 꽂을 큰 초와 작은 초를 할아버지의 나이와 같게 사려고 합니다. 큰 초와 작은 초를 합해서 가장 적게 준비한다면 초는 적어도 몇 개 사야 하나요? (단, 큰 초 1개는 10살, 작은 초 1개는 1살을 나타냅니다.)

답 _____

▶ 정답과 해설 **38**쪽

4 규칙을 보고 빈 곳에 알맞은 수를 써넣으세요.

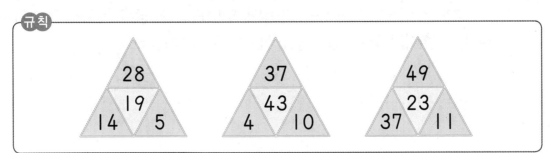

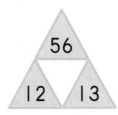

HME 기출 유형

5 1부터 9까지의 수 카드가 각각 1장씩 있습니다. 이 중 6장을 뽑아 다음과 같이 짝수와 홀수로 나누었습니다.

짝수 2 8 ㉮   홀수 5 1 ㉯

㉮와 ㉯는 각각 2 , 8 , 5 , 1 을 뺀 남은 수 카드 중에서 뽑을

수 있는 가장 작은 수일 때 주어진 덧셈식을 계산해 보세요.

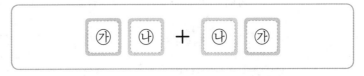

답 _____

6 지훈이는 어제부터 동화책을 읽기 시작했습니다. 어제는 동화책 16쪽을 읽고, 오늘은 어제보다 4쪽을 더 적게 읽었습니다. 남은 동화책 쪽수가 40쪽일 때 지훈이가 읽고 있는 동화책은 모두 몇 쪽인가요?

답 _____

7 주머니 속에 1부터 99까지의 수가 적힌 공이 한 개씩 들어 있습니다. 명호와 태형이가 각각 다음과 같이 2개의 공을 꺼내어 공에 적힌 두 수의 합을 구했더니 서로 같았습니다. 태형이가 꺼낸 분홍색 공에 적힌 수를 구하세요.

명호   태형

52 46   27 ?

답 _____

수학 교과 역량_문제해결

8 다음은 형원이와 정한이가 모은 단풍나무 잎의 수와 은행나무 잎의 수입니다. 형원이와 정한이 중 나뭇잎을 누가 몇 장 더 많이 모았나요?

이름	형원	정한
모은 단풍나무 잎의 수	15장	33장
모은 은행나무 잎의 수	20장	24장

답 _____ , _____

9 합이 85, 두 수의 차가 61인 두 수가 있습니다. 두 수 중 더 큰 수를 구하세요.

답 _____

HME 기출 유형

10 을 만족하는 두 수 ㉮와 ㉯가 있습니다. ㉯는 ㉮보다 얼마 더 큰지 구하세요.

> **조건**
> • ㉮는 **76**보다 크고 ㉯는 **94**보다 작은 자연수입니다.
> • **76**과 ㉮ 사이에 있는 수는 모두 **6**개입니다.
> • ㉯와 **94** 사이에 있는 수는 모두 **7**개입니다.

답 _____

HME 기출 유형

11 ㉠, ㉡, ㉢은 1부터 9까지의 수 중 서로 다른 수입니다. 다음 식을 만족하는 ㉠과 ㉢의 합 중에서 가장 큰 수를 구하세요. (단, ㉠, ㉡, ㉢ 중 ㉠이 가장 크고 ㉢이 가장 작은 수입니다.)

> ㉠㉡ − ㉡㉢ = ㉡㉢

답 _____

1 영지는 색종이를 38장 가지고 있습니다. 혜리는 영지보다 5장 더 적게, 소민이는 혜리보다 4장 더 많이 가지고 있습니다. 소민이가 가지고 있는 색종이는 몇 장인가요?

답

2 지수네 반 학생들이 봉숭아, 맨드라미, 나팔꽃의 씨앗을 심어 싹이 나고 자라는 과정을 관찰하려고 합니다. 봉숭아 41개, 맨드라미 25개, 나팔꽃 30개의 씨앗을 심고 물을 주었습니다. 며칠 후 싹이 65개 났다면 싹이 나지 않은 씨앗은 몇 개인지 구하세요.

답

3 석진이는 가지고 있던 초콜릿 중에서 13개를 먹고 22개는 동생에게 주었더니 22개가 남았습니다. 석진이가 처음에 가지고 있던 초콜릿은 몇 개인가요?

답 _____

4 어느 학교 1학년 1반의 여학생은 13명, 2반의 여학생은 15명입니다. 두 반의 학생은 모두 68명이고, 2반 학생이 1반 학생보다 4명 더 많습니다. 2반의 남학생은 몇 명인가요?

답 _____

5 ㉠, ㉡, ㉢, ㉣은 1부터 5까지의 숫자 중 서로 다른 숫자입니다. ㉠㉡과 ㉢㉣이 각각 몇십몇을 나타낼 때 다음 식을 만족하는 ㉠, ㉡, ㉢, ㉣을 구하세요.

(단, ㉠>㉢>㉡>㉣입니다.)

$$㉠㉡ - ㉢㉣ = 21$$

답 ㉠: _____ , ㉡: _____ , ㉢: _____ , ㉣: _____

1 합이 **78**인 두 수를 찾아 두 수의 차를 구하세요.

| 20 | 23 | 45 | 48 | 33 |

답 _____

2 0부터 9까지의 수 카드 중 다은이가 4장을 뽑았습니다. 뽑은 수 카드를 2장 씩 짝 지어 수 카드에 적힌 두 수의 차를 구했을 때 차가 **1**인 경우는 모두 몇 가지인가요?

다은

5 , 3 , 6 , 4

답 _____

3 50부터 79까지의 홀수 중에서 **10**개씩 묶음의 수와 낱개의 수를 바꾸어 만든 수도 홀수가 되는 수는 모두 몇 개인지 구하세요.

답 _____

4 다음과 같은 방법으로 성냥개비 **1 3**개를 늘어놓으려고 합니다. ▲ 모양은 몇 개 만들어지는지 구하세요.

...

답 _____

5 스위스 베른에는 '치트글로게'라는 천문시계가 있습니다. 이 시계는 **1**시에 **1**번, 2시에 2번, 3시에 3번, ... 종이 울립니다. 4시부터 시작하여 이 시계가 종이 울리는 횟수의 합이 23번일 때의 시각은 몇 시인지 구하세요.

▲ 천문시계

답 _____

6 서로 다른 수가 적힌 수 카드 4장이 있습니다. 이 중 2장을 뽑아 만든 몇십몇 중에서 셋째로 작은 몇십몇이 13일 때 뒤집어진 수 카드에 적힌 수를 구하세요.

1 　 3 0

답 _____

7 정국, 채원, 미연, 성재가 한 줄로 서 있습니다. 네 사람의 한 걸음의 길이가 모두 같다고 할 때, 다음을 보고 채원이와 성재는 몇 걸음 떨어져 있는지 구하세요.

> • 정국이는 채원이보다 8걸음 뒤에 서 있습니다.
> • 미연이는 정국이보다 6걸음 앞에 서 있습니다.
> • 미연이는 성재보다 7걸음 앞에 서 있습니다.

답 _____

8 10개씩 묶음의 수와 낱개의 수의 차가 3인 몇십몇을 작은 수부터 차례로 늘어놓을 때 아홉째에 놓이는 수를 구하세요.

답 _____

9 ♥가 표시된 부분을 포함하는 크고 작은 ☐ 모양은 모두 몇 개인지 구하세요.

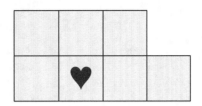

답 _____

10 규칙에 따라 수를 놓았습니다. Ⅰ8번째 수와 28번째 수의 차를 구하세요.

Ⅰ, Ⅰ, 2, Ⅰ, 2, 3, Ⅰ, 2, 3, 4…

답 _____

경시대회 도전 문제

MEMO

先 見 之 明
먼저 볼 갈 밝을
선 견 지 명

어떤 일이 일어나기 전, 미리 아는 지혜를
'선견지명'이라고 해요.
일기예보를 보고 미리 우산을 챙겨놓는다거나,
늦잠 잘 때를 대비해서 전날 밤 가방을 미리 챙겨놓는 것도
넓은 의미로 '선견지명'이라 할 수 있어요.

book.chunjae.co.kr

교재 내용 문의 ················· 교재 홈페이지 ▶ 초등 ▶ 교재상담
교재 내용 외 문의 ·············· 교재 홈페이지 ▶ 고객센터 ▶ 1:1문의
발간 후 발견되는 오류 ········· 교재 홈페이지 ▶ 초등 ▶ 학습지원 ▶ 학습자료실

수학의 자신감을 키워 주는 **초등 수학 교재**

난이도 한눈에 보기!

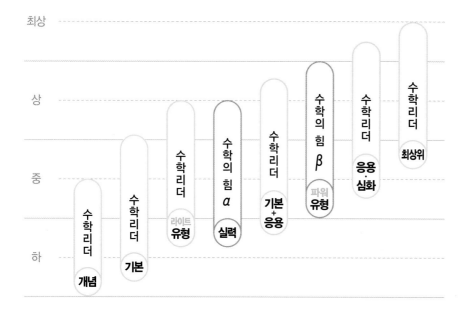

차세대 리더

시험 대비교재

● **올백 전과목 단원평가**　　　　　　　　1~6학년/학기별
　　　　　　　　　　　　　　　　　　　(1학기는 2~6학년)

● **HME 수학 학력평가**　　　　　　　　　1~6학년/상·하반기용

● **HME 국어 학력평가**　　　　　　　　　1~6학년

논술·한자교재

● **YES 논술**　　　　　　　　　　　　　1~6학년/총 24권

● **천재 NEW 한자능력검정시험 자격증 한번에 따기**　8~5급(총 7권)/4급~3급(총 2권)

영어교재

● **READ ME**
- Yellow 1~3　　　　　　　　　　　　2~4학년(총 3권)
- Red 1~3　　　　　　　　　　　　　4~6학년(총 3권)

● **Listening Pop**　　　　　　　　　　　Level 1~3

● **Grammar, ZAP!**
- 입문　　　　　　　　　　　　　　　1, 2단계
- 기본　　　　　　　　　　　　　　　1~4단계
- 심화　　　　　　　　　　　　　　　1~4단계

● **Grammar Tab**　　　　　　　　　　　총 2권

● **Let's Go to the English World!**
- Conversation　　　　　　　　　　　1~5단계, 단계별 3권
- Phonics　　　　　　　　　　　　　총 4권

예비중 대비교재

● **천재 신입생 시리즈**　　　　　　　　　수학/영어

● **천재 반편성 배치고사 기출 & 모의고사**

배움으로 행복한 내일을 꿈꾸는
천재교육 커뮤니티 안내 · · · ·

 교재 안내부터 구매까지 한 번에!
천재교육 홈페이지

자사가 발행하는 참고서, 교과서에 대한 소개는 물론
도서 구매도 할 수 있습니다. 회원에게 지급되는 별을 모아
다양한 상품 응모에도 도전해 보세요!

 다양한 교육 꿀팁에 깜짝 이벤트는 덤!
천재교육 인스타그램

천재교육의 새롭고 중요한 소식을 가장 먼저 접하고 싶다면?
천재교육 인스타그램 팔로우가 필수!
깜짝 이벤트도 수시로 진행되니 놓치지 마세요!

 수업이 편리해지는
천재교육 ACA 사이트

오직 선생님만을 위한, 천재교육 모든 교재에 대한 정보가 담긴
아카 사이트에서는 다양한 수업자료 및 부가 자료는 물론
시험 출제에 필요한 문제도 다운로드하실 수 있습니다.

https://aca.chunjae.co.kr

 천재교육을 사랑하는 샘들의 모임
천사샘

학원 강사, 공부방 선생님이시라면 누구나 가입할 수 있는 천사샘!
교재 개발 및 평가를 통해 교재 검토진으로 참여할 수 있는 기회는 물론
다양한 교사용 교재 증정 이벤트가 선생님을 기다립니다.

 아이와 함께 성장하는 학부모들의 모임공간
튠맘 학습연구소

튠맘 학습연구소는 초·중등 학부모를 대상으로 다양한 이벤트와 함께
교재 리뷰 및 학습 정보를 제공하는 네이버 카페입니다.
초등학생, 중학생 자녀를 둔 학부모님이라면 튠맘 학습연구소로 오세요!

해법전략
포인트 3가지

▶ 혼자서도 이해할 수 있는 친절한 문제 풀이

▶ 참고, 주의, 중요, 전략 등 자세한 풀이 제시

▶ 다른 풀이를 제시하여 다양한 방법으로 문제 풀이 가능

1 100까지의 수

1 6, 60   **2** ㉡

3

4

5 80개   **6** 90마리

7 60개   **8** (   )(○)

9 8

10 5, 7, 57, 오십칠, 쉰일곱

11 칠십구

12 72와 일흔둘에 ○표

13 63개   **14** 다은

15 5봉지, 1개

16 1, 5   **17** 85개

18 5 / 56   **19** 69마리

20 선미   **21** 시후

22 57, 59   **23** 74

24 (순서대로) 63, 64, 66, 69

25 90

26

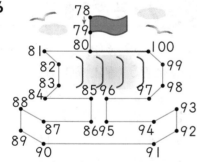

27 1   **28** ㉡

29 작습니다에 ○표, 큽니다에 ○표

30 ㉡   **31** 57, >, 53

32 <   **33** 승현

34 58에 △표   **35** 경인

36 78에 ○표, 67에 △표

37 7 / 홀수에 ○표

38

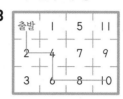

출발	1	5	11
	2	4	7	9
	3	6	8	10

39 짝수   **40** 15, 13, 21, 9에 색칠

41 민재

42 28, 26 / 17, 35, 19

43 1, 3, 5, 7, 9, 11, 13

---

2 ㉡ 마흔은 40이라고 씁니다.

4 70은 10개씩 묶음 7개이므로 ○ 10개를 더 그립니다.

5 10개씩 묶음 8개는 80이므로 8상자에 들어 있는 초콜릿은 모두 80개입니다.

6 10마리씩 9줄은 90마리이므로 조기는 모두 90마리입니다.

7 만두가 10개씩 묶음 7개 있습니다. 이 중 10개를 먹는다면 10개씩 묶음 6개가 남으므로 60개입니다.

8 94는 구십사 또는 아흔넷이라고 읽습니다.

> **주의**
> 구십넷이나 아흔사라고 읽지 않도록 주의합니다.

9 팔십삼을 수로 나타내면 83입니다.
83은 10개씩 묶음 8개와 낱개 3개입니다.

12 10개씩 묶음 7개와 낱개 2개이므로 72입니다.
72는 칠십이 또는 일흔둘이라고 읽습니다.

14 수 카드 6 과 8 로 만들 수 있는 수는 68과 86입니다.
68 ➡ 육십팔, 예순여덟, 86 ➡ 팔십육, 여든여섯
수를 만들어 바르게 읽은 사람은 다은입니다.

15 51은 10개씩 묶음 5개와 낱개 1개입니다. 찹쌀떡 51개를 한 봉지에 10개씩 담으면 5봉지까지 담을 수 있고, 1개가 남습니다.

17 모형은 10개씩 묶음 7+1=8(개), 낱개 5개와 같으므로 모두 85개입니다.

18 낱개 구슬은 10개씩 묶음 1개와 낱개 6개입니다.
구슬은 10개씩 묶음 4+1=5(개), 낱개 6개와 같
으므로 모두 56개입니다.

19 10마리씩 세어 묶으면 10마리씩 묶음 6개와 낱개
9마리입니다.
➡ 물고기는 모두 69마리입니다.

20 도토리는 10개씩 묶음 7개와 낱개 8개이므로 78개
이고, '일흔여덟 개'라고 말할 수 있습니다.

21 시후: 10개씩 묶음 5개와 낱개 12개
➡ 10개씩 묶음 6개와 낱개 2개 ➡ 62개
지유: 10개씩 묶음 4개와 낱개 12개
➡ 10개씩 묶음 5개와 낱개 2개 ➡ 52개

22 ·1만큼 더 작은 수: 58의 바로 앞의 수는 57입니다.
·1만큼 더 큰 수: 58의 바로 뒤의 수는 59입니다.

23 73 - 74 - 75
➡ 73과 75 사이에 있는 수는 74입니다.

(참고)
73과 75 사이에 있는 수는 73보다 크고 75보다 작은 수
입니다.

25 84부터 수를 순서대로 쓰면
84-85-86-87-88-89- 90 이므로
㉠에 알맞은 수는 90입니다.

26 78부터 100까지의 수를 순서대로 선으로 이어 봅
니다.

27 100은 99보다 1만큼 더 큰 수이므로 윗몸일으키
기를 1번 더 해야 합니다.

28 수를 순서대로 쓰면 ㉠: 79, ㉡: 80, ㉢: 82이므
로 도윤이의 집은 ㉡입니다.

29 65는 10개씩 묶음이 6개이고, 81은 10개씩 묶음
이 8개입니다.

30 72<76
  2<6

31 10개씩 묶음은 5개로 같지만 57은 낱개가 7개이
고, 53은 낱개가 3개이므로 57이 더 큽니다.

33 92>77이므로 더 큰 수를 쓴 사람은 승현입니다.
  9>7

34 10개씩 묶음의 수가 6인 수는 없고, 10개씩 묶음
의 수가 6보다 작은 수는 58입니다.

35 10개씩 묶음의 수가 6으로 같으므로 낱개의 수를
비교하면 9>4>1입니다. 따라서 69가 가장 큽
니다. ➡ 딸기를 가장 많이 딴 사람은 경인입니다.

36 10개씩 묶음의 수를 비교하면 7>6이므로 가장
작은 수는 67입니다. 10개씩 묶음의 수가 7인 두
수의 낱개의 수를 비교하면 8>0이므로 가장 큰 수
는 78입니다.

37 사과 7개를 둘씩 짝을 지으면 한 개가 남으므로 홀수
입니다.

38 2, 4, 6, 8, 10: 짝수
1, 3, 5, 7, 9, 11: 홀수

39 10개씩 묶음 2개와 낱개 4개이므로 사탕은 24개
이고, 24는 둘씩 짝을 지을 수 있는 수이므로 짝수
입니다.

40 ·짝수: 2, 4, 16, 14   ·홀수: 15, 13, 21, 9

41 소윤이가 말한 수 중 23은 홀수입니다.

43 15보다 작은 홀수는 1, 3, 5, 7, 9, 11, 13입니다.

(주의)
15보다 작은 홀수에 15는 포함되지 않습니다.

14~15쪽 1단계 기본 ➕유형 완성

1-1 (위에서부터) 56 / 59, 60 / 62, 63, 65
1-2 (위에서부터) 96, 95 / 92, 90, 89
1-3 ㉡
2-1 유찬   **2-2** 은우   **2-3** ㉢
3-1 86개   **3-2** 84개   **3-3** 나래
4-1 2개   **4-2** 4개   **4-3** 짝수

1-1 54부터 수를 순서대로 쓰면
54-55-56-57-58-59-60-61-
62-63-64-65입니다.

1-2 100부터 수를 거꾸로 세어 쓰면
100-99-98-97-96-95-94-
93-92-91-90-89입니다.

1-3 67부터 수를 순서대로 쓰면 67-68-69-70-71-72이므로 ㉠=71입니다.
㉠

75부터 수를 거꾸로 세어 쓰면 75-74-73-72-71-70이므로 ㉡=72입니다.
㉡

➡ 71<72이므로 ㉠과 ㉡ 중 더 큰 수는 ㉡입니다.

2-1 유찬: 57<60
5<6

2-2 은우: 81>80
1>0

2-3 ㉠ 84>73   ㉡ 77<79
8>7   7<9
㉢ 51<58   ㉣ 65<80
1<8   6<8

3-1 낱개 16개는 10개씩 묶음 1개, 낱개 6개와 같습니다. 곶감은 10개씩 묶음 7+1=8(개), 낱개 6개와 같으므로 모두 86개입니다.

3-2 낱개 34개는 10개씩 묶음 3개, 낱개 4개와 같습니다. 소라는 10개씩 묶음 5+3=8(개), 낱개 4개와 같으므로 모두 84개입니다.

3-3 낱장 21장은 10장씩 묶음 2개, 낱장 1장과 같습니다. 따라서 나래가 가지고 있는 색종이는 10장씩 묶음 4+2=6(개), 낱장 1장과 같으므로 모두 61장입니다.
➡ 59<61이므로 나래가 색종이를 더 많이 가지고 있습니다.

4-1 27과 32 사이에 있는 수는 28, 29, 30, 31입니다. 이 중 짝수는 28, 30이므로 모두 2개입니다.

4-2 16과 24 사이에 있는 수는 17, 18, 19, 20, 21, 22, 23입니다. 이 중 홀수는 17, 19, 21, 23이므로 모두 4개입니다.

4-3 33과 43 사이에 있는 수는 34, 35, 36, 37, 38, 39, 40, 41, 42입니다.
➡ 짝수: 34, 36, 38, 40, 42(5개),
홀수: 35, 37, 39, 41(4개)
따라서 짝수가 더 많습니다.

---

1 유찬   **2** ㉣
3 6개   **4** 93개
5 51   **6** 84개
7 80, 92
8 88에 ○표, 59에 △표

---

9 80, <, 84   **10** 70개
11 68
12

13 (   )(○)(   )
14 홀수   **15** 1, 2, 3, 4, 5, 6
16 65, 74

1 유찬: 10개씩 묶음 9개인 수는 90입니다.

2 10개씩 묶음 8개 ➡ 80(팔십 또는 여든)
㉣ 일흔 ➡ 70(10개씩 묶음 7개)

3 주영이가 가지고 있는 초콜릿은 10개씩 묶음 6개로 모두 60개입니다. 따라서 초콜릿을 모두 담으려면 상자는 6개 필요합니다.

5 52보다 1만큼 더 작은 수는 51이므로 다음에 켜질 수는 51입니다.

6 낱개로 있는 밤은 10개씩 묶음 2개와 낱개 4개입니다. 밤은 10개씩 묶음 6+2=8(개), 낱개 4개와 같으므로 모두 84개입니다.

8 10개씩 묶음의 수를 비교하면 8>6>5이므로 59가 가장 작습니다. 10개씩 묶음의 수가 8인 두 수의 낱개의 수를 비교하면 8>2이므로 가장 큰 수는 88입니다.

9 79보다 1만큼 더 큰 수: 80
85보다 1만큼 더 작은 수: 84
➡ 80<84
0<4

10 토마토와 참외는 10개씩 3+4=7(봉지)가 있습니다. 10개씩 7봉지는 70개이므로 토마토와 참외는 모두 70개입니다.

11 어떤 수는 70보다 1만큼 더 작은 수인 69입니다.
➡ 69보다 1만큼 더 작은 수는 68입니다.

12 50 $\xrightarrow{\text{10만큼 더 큰 수}}$ 60 $\xrightarrow{\text{1만큼 더 작은 수}}$ 59 $\xrightarrow{\text{1만큼 더 작은 수}}$ 58

$\xrightarrow{\text{10만큼 더 작은 수}}$ 48 $\xrightarrow{\text{1만큼 더 큰 수}}$ 49 $\xrightarrow{\text{1만큼 더 큰 수}}$ 50

13 · 17, 5 — 홀수, 36 — 짝수 · 8, 22, 10 — 짝수
· 4, 24 — 짝수, 13 — 홀수

14 세영이만 짝이 없으므로 세영이네 반 학생 수는 둘씩 짝을 지을 수 없는 홀수입니다.

15 $\boxed{1}$9<74, $\boxed{2}$9<74, $\boxed{3}$9<74, $\boxed{4}$9<74, $\boxed{5}$9<74, $\boxed{6}$9<74, $\boxed{7}$9>74, ...이므로 □ 안에 들어갈 수 있는 수는 1, 2, 3, 4, 5, 6입니다.

16 71과 놓여져 있는 수의 크기를 각각 비교합니다. 71은 65보다 크고 74보다 작으므로 수 카드 $\boxed{71}$은 수 카드 $\boxed{65}$와 $\boxed{74}$ 사이에 놓아야 합니다.

20~25쪽 3단계 심화 유형 연습

심화 1	1 53, 61, 65 2 ㉢
1-1 ㉠	1-2 ㉢, ㉠, ㉡
심화 2	1 69, 75 2 70, 71, 72, 73, 74 3 5명
2-1 8명	2-2 12명

심화 3	1 56점 2 55점 3 인나
3-1 주황색	3-2 사과
심화 4	1 (위에서부터) 6, 8 / 5, 9 2 9, 8, 6, 5 3 경수
4-1 가방	4-2 샌드위치, 식빵

심화 5	1 7, 8, 9 2 76, 87, 98 3 87
5-1 78	5-2 53
심화 6	1 6, 8 2 68, 81, 83, 84, 86 3 5개
6-1 7개	6-2 8개

심화 1 1 ㉠ 오십삼: 53 ㉡ 예순하나: 61
㉢ 64보다 1만큼 더 큰 수: 65

2 65>61>53이므로 ㉢>㉡>㉠입니다.

1-1 1 ㉠ 칠십팔: 78
㉡ 여든넷: 84
㉢ 80보다 1만큼 더 작은 수: 79
2 78<79<84이므로 ㉠<㉢<㉡입니다.

1-2 1 ㉠ 85보다 1만큼 더 큰 수: 86
㉡ 아흔일곱: 97
㉢ 56과 58 사이에 있는 수: 57
2 57<86<97이므로 ㉢<㉠<㉡입니다.

심화 2 1 예순아홉: 69, 일흔다섯: 75
2 69와 75 사이에 있는 수: 70, 71, 72, 73, 74
3 69와 75 사이에 있는 수는 70, 71, 72, 73, 74로 5개이므로 우재와 나래 사이에 서 있는 학생은 모두 5명입니다.

2-1 1 여든여덟: 88, 아흔일곱: 97
2 88과 97 사이에 있는 수: 89, 90, 91, 92, 93, 94, 95, 96
3 88과 97 사이에 있는 수는 8개이므로 효민이와 유미 사이에 서 있는 사람은 모두 8명입니다.

2-2 1 쉰둘: 52, 예순셋: 63
2 52부터 63까지의 수: 52, 53, 54, 55, 56, 57, 58, 59, 60, 61, 62, 63
3 52부터 63까지의 수는 12개이므로 천 원 할인 쿠폰을 받는 사람은 모두 12명입니다.

심화 3 1 10점씩 5장, 1점씩 6장이므로 56점입니다.
2 1점씩 35장은 10점씩 3장과 1점씩 5장과 같습니다.
현우가 모은 카드는 10점씩 5장, 1점씩 5장과 같으므로 55점입니다.
3 56>55이므로 모은 점수가 더 높은 사람은 인나입니다.

3-1 1 흰색 탁구공은 10개씩 6상자, 낱개 4개이므로 64개입니다.
2 낱개 25개는 10개씩 2상자와 낱개 5개와 같습니다.
주황색 탁구공은 10개씩 6상자, 낱개 5개와 같으므로 65개입니다.
3 64<65이므로 개수가 더 많은 탁구공은 주황색입니다.

3-2 ① 배는 10개씩 묶음 8개, 낱개 1개이므로 81개입니다.

② 낱개 30개는 10개씩 묶음 3개와 같습니다.
사과는 10개씩 묶음 9개와 같으므로 90개입니다.

③ 낱개 29개는 10개씩 묶음 2개와 낱개 9개와 같습니다.
참외는 10개씩 묶음 7개, 낱개 9개와 같으므로 79개입니다.

④ 90>81>79이므로 사과가 가장 많습니다.

심화 4 ① 신영: 64권 ➡ 10권씩 묶음 6개
종민: 8□권 ➡ 10권씩 묶음 8개
세희: 5□권 ➡ 10권씩 묶음 5개
경수: 9□권 ➡ 10권씩 묶음 9개

② 10권씩 묶음의 수의 크기를 비교하면 9>8>6>5입니다.

③ 작년에 도서관에서 책을 가장 많이 빌린 사람은 10권씩 묶음의 수가 가장 큰 경수입니다.

4-1 ① 10장씩 묶음의 수는 기방: 5, 인성: 9, 우빈: 6, 광수: 7입니다.

② 10장씩 묶음의 수의 크기를 비교하면 5<6<7<9입니다.

③ 딱지를 가장 적게 가지고 있는 사람은 10장씩 묶음의 수가 가장 작은 기방입니다.

4-2 ① 10개씩 묶음의 수는 단팥빵과 샌드위치: 8, 롤케이크: 7, 식빵: 6입니다.

② 10개씩 묶음의 수의 크기를 비교하면 8>7>6입니다.

③ 10개씩 묶음의 수가 같은 단팥빵과 샌드위치의 수를 비교하면 87<89이므로 샌드위치가 가장 많이 팔렸고, 식빵이 가장 적게 팔렸습니다.

심화 5 ① 70보다 크고 100보다 작은 몇십몇의 10개씩 묶음의 수는 7, 8, 9입니다.

② 위 ①에서 구한 10개씩 묶음의 수보다 낱개의 수가 1만큼 더 작은 몇십몇은 76, 87, 98입니다.

③ 76, 87, 98 중에서 홀수는 87입니다.

5-1 ① 60보다 크고 90보다 작은 몇십몇의 10개씩 묶음의 수는 6, 7, 8입니다.

② 위 ①에서 구한 10개씩 묶음의 수보다 낱개의 수가 1만큼 더 큰 몇십몇은 67, 78, 89입니다.

③ 67, 78, 89 중에서 짝수는 78입니다.

5-2 ① 40보다 크고 60보다 작은 몇십몇의 10개씩 묶음의 수는 4, 5입니다.

② 10개씩 묶음의 수 4, 5가 낱개의 수보다 큰 몇십몇은 41, 42, 43, 51, 52, 53, 54입니다.

③ 위 ②에서 구한 수 중 10개씩 묶음의 수와 낱개의 수의 합이 8인 수는 53입니다.

심화 6 ① 주어진 수 카드로 65보다 큰 몇십몇을 만들 때 10개씩 묶음의 수가 될 수 있는 수는 6, 8입니다.

② 10개씩 묶음의 수가 6과 8인 몇십몇 중에서 65보다 큰 수는 68, 81, 83, 84, 86입니다.

③ 65보다 큰 수는 모두 5개입니다.

6-1 ① 주어진 수 카드로 58보다 작은 몇십몇을 만들 때 10개씩 묶음의 수가 될 수 있는 수는 2, 5입니다.

② 10개씩 묶음의 수가 2와 5인 몇십몇 중에서 58보다 작은 수는 25, 26, 27, 29, 52, 56, 57입니다.

③ 58보다 작은 수는 모두 7개입니다.

6-2 ① 주어진 수 카드로 42보다 크고 73보다 작은 몇십몇을 만들 때 10개씩 묶음의 수가 될 수 있는 수는 4, 5, 7입니다.

② 10개씩 묶음의 수가 4, 5, 7인 몇십몇 중에서 42보다 크고 73보다 작은 수는 45, 47, 48, 51, 54, 57, 58, 71입니다.

③ 42보다 크고 73보다 작은 수는 모두 8개입니다.

26~27쪽 3단계 심화 ✚ 유형 완성

1 4개	**2** 30장
3 6	**4** 파란색, 노란색
5 ㉠	**6** 6개

1 ㉠ 10개씩 묶음 5개와 낱개 4개인 수와 같으므로 54입니다.

㉡ 예순은 60이므로 60보다 1만큼 더 작은 수는 59입니다.

54와 59 사이에 있는 수: 55, 56, 57, 58(4개)

3 • □5>64에서 낱개의 수를 비교하면 5>4이므로 □는 6과 같거나 6보다 커야 합니다.
➡ □=6, 7, 8, 9
• 67>6□에서 10개씩 묶음의 수가 같으므로 낱개의 수를 비교하면 7>□입니다.
➡ □=1, 2, 3, 4, 5, 6
□ 안에 공통으로 들어갈 수 있는 수는 6입니다.

4 • (빨간색 구슬 수)+(파란색 구슬 수)
=4+5=9(개) ➡ 홀수
• (빨간색 구슬 수)+(노란색 구슬 수)
=4+3=7(개) ➡ 홀수
• (파란색 구슬 수)+(노란색 구슬 수)
=5+3=8(개) ➡ 짝수 (○)
지유는 파란색과 노란색 구슬을 사용했습니다.

5 • 방법1 짝수: 28, 56 ➡ 28<56
홀수: 53, 37 ➡ 37<53
➡ ㉠: 28, ㉡: 56, ㉢: 37, ㉣: 53
• 방법2 40보다 작은 수: 37, 28 ➡ 28<37
40보다 큰 수: 53, 56 ➡ 53<56
➡ ㉠: 28, ㉡: 37, ㉢: 53, ㉣: 56
방법1과 방법2로 ㉠, ㉡, ㉢, ㉣에 알맞은 수를 각각 구했을 때 수가 같은 기호는 ㉠입니다.

6 짧은 초 48개, 긴 초 3개를 사용할 때 남는 초의 수가 가장 적습니다. ➡ 남는 초는 긴 초가 8-3=5(개), 짧은 초가 1개이므로 모두 6개입니다.

> 참고
> 짧은 초를 많이 사용하면 남는 초의 수가 적어지고, 긴 초를 많이 사용하면 남는 초의 수가 많아집니다.

28~29쪽 Test 단원 실력 평가

1

2 ⑤

3 7, 35

4 ②, ④

5 100쪽

6 9봉지

7 73

8 63쪽, 64쪽

9 22

10 김태연

11 ㉡

12 홀수에 ○표 / 예 동생이 태어나면 희주네 가족 수는 5명이 되고, 둘씩 짝을 지을 수 없으므로 홀수입니다.

---

13 59, 61

14 예 ❶ 5□<59에서 10개씩 묶음의 수가 같으므로 낱개의 수를 비교하면 □<9입니다.
➡ □=1, 2, 3, 4, 5, 6, 7, 8
❷ □1>72에서 낱개의 수를 비교하면 1<2이므로 □는 7보다 커야 합니다.
➡ □=8, 9
❸ □ 안에 공통으로 들어갈 수 있는 수는 8입니다. 답 8

15 8개

5 99보다 1만큼 더 큰 수는 100이므로 100쪽입니다.

6 90은 10개씩 묶음 9개이므로 90송이를 한 봉지에 10송이씩 담아 모두 포장하면 9봉지가 됩니다.

7 10개씩 묶음의 수를 비교한 후 낱개의 수를 비교합니다. ➡ 73<79<88<92

8 62-63-64-65이므로 찢어진 부분의 쪽수는 63쪽, 64쪽입니다.

9 62는 10개씩 묶음 6개와 낱개 2개입니다.
➡ 10개씩 묶음 2개는 낱개로 20개이므로 62는 10개씩 묶음 4개, 낱개 22개와 같습니다.

10 10개씩 묶음의 수가 가장 큰 것은 9□이므로 훌라후프를 가장 많이 돌린 학생은 김태연입니다.

11 ㉠ 92 ㉡ 96 ㉢ 89 ➡ ㉡ 96>㉠ 92>㉢ 89

12 평가 기준
홀수에 ○표 하고, 둘씩 짝을 지을 수 없다고 썼으면 정답으로 합니다.

13 57-58-⑤9-60-⑥1-62
홀수
57보다 크고 62보다 작은 수

14 평가 기준
❶ 5□<59에서 □ 안에 들어갈 수 있는 수를 구함.
❷ □1>72에서 □ 안에 들어갈 수 있는 수를 구함.
❸ □ 안에 공통으로 들어갈 수 있는 수를 구함.

15 짝수는 2, 4, 6, 8, 0으로 끝나는 수이므로 □2, □4인 수를 만들 수 있습니다.
만들 수 있는 수 중에서 짝수는 42, 92, 72, 52, 24, 94, 74, 54이므로 모두 8개입니다.

② 덧셈과 뺄셈(1)

1단계 기본 유형 연습

1 4, 8 **2** 9

3 9 **4** <

5 ㉠, ㉣ **6** 1+3+2=6

7 5+2+1=8 / 8개

8 1, 5

9 (위에서부터) ⑴ 1 / 6, 6, 1 ⑵ 1 / 2, 2, 1

10 2 **11**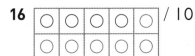

12 다은 **13** 2, 3, 4

14 3

15 2, 10

16  / 10

17 10 **18** ㉢

19 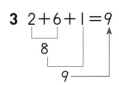 / 5

20
| 3 | 2 8 | 9 |
| 7 | 4 | 1 5 |

/ ⓔ 3+7=10,
2+8=10,
9+1=10

21 7+3=10 / 10마리

22 6, 4 **23** ㉡

24 4, 6 **25** ㉠

26 [그림] **27** 리, 더

  28 10−9=1 / 1개

29 10, 12 / 10, 12

30 ⑴ ( )(○) ⑵ (○)( )

31 6 4 / 17 **32** 8+2+5=15

```
      └─┘
       10
         └────┘
          15
```

33 (왼쪽에서부터) 7, 17 / 9, 19

34 5+5+3=13 / 13개

35 10, 13 / 10, 13

36 [선 연결 그림]

37 6 4 / 6+4, 15

38 6, 12

39 6+7+3=16 / 16

40 14명

---

3 2+6+1=9

```
  └─┘     ↑
   8      │
    └─────┘
      9
```

4 4+4+1=8+1=9 ➡ 9<10

5 노란색이 1개, 초록색이 5개, 빨간색이 3개이므로 구슬은 모두 1+5+3=9(개)입니다.

6 1반이 넣은 골은 1골, 3골, 2골입니다.
  ➡ 1+3+2=4+2=6(골)

참고
식을 세울 때 더하는 수의 순서를 바꾸어 써도 정답입니다.

7 (빨간색 수수깡의 수)+(파란색 수수깡의 수)
  +(노란색 수수깡의 수)
  =5+2+1=7+1=8(개)

11 5−3−1=2−1=1, 6−2−1=4−1=3

12 세 수의 뺄셈은 앞에서부터 두 수씩 차례대로 계산해야 하므로 바르게 계산한 사람은 다은입니다.

13 (남는 초콜릿의 수)
  =(은별이가 가진 초콜릿의 수)−(친구에게 준 초콜릿의 수)
  −(동생에게 준 초콜릿의 수)
  =9−2−3=7−3=4(개)

참고
식을 세울 때 빼는 수의 순서를 바꾸어 써도 정답입니다.

14 7>3>1이므로 가장 큰 수는 7입니다.
  ➡ 7−3−1=4−1=3

16 ○ 4개에 ○ 6개를 더 그린 후 모두 세어 보면 ○는 10개입니다. ➡ 4+6=10

19 10이 되려면 ●을 5개 더 그려야 합니다.
➡ $5+\boxed{5}=10$

21 (어제 만든 꽃게의 수)+(오늘 만든 꽃게의 수)
$=7+3=10$(마리)

24 0에서 오른쪽으로 10칸 간 다음 왼쪽으로 4칸 되돌아가면 6입니다. ➡ $10-4=6$

26 나비 10마리에서 3마리가 날아가면 7마리가 남습니다. ➡ $10-3=7$

27 • $10-1=9$ ➡ 리   • $10-2=8$ ➡ 더

28 (모은 도토리의 수)−(먹은 도토리의 수)
$=10-9=1$(개)

30 (1) $\boxed{7+3}+5=10+5=15$
(2) $\boxed{2+8}+3=10+3=13$

31 $\boxed{6+4}+7=10+7=17$

32 앞의 두 수를 더해 10을 만들고 남은 수를 더하는 방법입니다.

33 왼쪽 길을 따라가면 낙엽이 4개, 6개, 7개 있습니다.
➡ $4+6+7=10+7=17$
오른쪽 길을 따라가면 낙엽이 4개, 6개, 9개 있습니다. ➡ $4+6+9=10+9=19$

38 4와 더해서 10이 되는 수는 6입니다.
➡ $2+\underline{4+6}=2+\underline{10}=12$

40 (지금 버스에 타고 있는 사람 수)
=(처음에 타고 있던 사람 수)
+(우체국 앞에서 탄 사람 수)
+(병원 앞에서 탄 사람 수)
$=4+\underline{8+2}=4+\underline{10}=14$(명)

40~41쪽 **1**단계 **기본 ➕유형 완성**

1-1 (왼쪽에서부터) 6, 8, 3
1-2 (왼쪽에서부터) 9, 4, 2   **1-3** ㉡
2-1 <   **2-2** =   **2-3** 지안
3-1 4, 6   **3-2** 7, 3   **3-3** $10-5=5$
4-1 8권   **4-2** 4자루   **4-3** 지혜

1-1 $4+\boxed{6}=10$, $\boxed{8}+2=10$, $7+\boxed{3}=10$

1-3 $\boxed{1}+9=10 → ㉠=1$
$3+\boxed{7}=10 → ㉡=7$ ➡ 7>5>1이므로 가장 큰 수는 ㉡입니다.
$\boxed{5}+5=10 → ㉢=5$

2-3 • 지안: $9+\underline{2+8}=9+\underline{10}=19$
• 민재: $\underline{3+7}+6=\underline{10}+6=16$
➡ 19>16이므로 계산 결과가 더 큰 식을 말한 사람은 지안입니다.

3-1 꺼낸 공깃돌의 수: 4개
➡ 상자 안에 남아 있는 공깃돌의 수: $10-4=6$(개)

3-3 주머니 안에 남아 있는 공깃돌의 수: 5개
➡ (꺼낸 공깃돌의 수)
=(전체 공깃돌의 수)
−(주머니 안에 남아 있는 공깃돌의 수)
$=10-5=5$(개)

4-1 (책장에 꽂혀 있는 책의 수)
=(동화책의 수)+(위인전의 수)+(만화책의 수)
$=3+1+4=4+4=8$(권)

4-3 (지혜가 가지고 있는 구슬의 수)
$=8-1-2=7-2=5$(개)
(현주가 가지고 있는 구슬의 수)
$=2+1+1=3+1=4$(개)
➡ 5>4이므로 지혜가 구슬을 더 많이 가지고 있습니다.

42~45쪽 **2**단계 **실력 유형 연습**

1 ( )( )(×)
2 9   **3** 2 / 4, 2, 3
4 10개   **5** (왼쪽에서부터) 5, 7
6 5   **7** ㉠
8 2, 세 / 6, 종 / 1, 대 / 5, 왕

---

9 8개   **10** 12개
11 10송이   **12** 1
13 3장   **14** 13권
15 1, 7, 9

1 $8-3-2=3$

4 (은희가 먹은 사탕의 수)+(승현이가 먹은 사탕의 수)
$=8+2=10$(개)

5
5+2+1	4+1+2	9-1-3
5	7	8

$4+1+2=5+2=7$, $9-1-3=8-3=5$

6 더해서 10이 되는 두 수씩 짝을 지으면 (3, 7),
(8, 2)이므로 짝을 지을 수 없는 수는 5입니다.

7 ㉠ $5+5+2=10+2=12$
㉡ $2+8+5=10+5=15$
㉢ $5+4+6=5+10=15$
➡ 세 수의 합이 다른 하나는 ㉠입니다.

9 (오이의 수)+(감자의 수)+(무의 수)
$=5+1+2=6+2=8$(개)

10 $2+5+5=2+10=12$(개)

11 (팔고 남은 장미의 수)$=10-6=4$(송이)
(팔고 남은 국화의 수)$=10-4=6$(송이)
➡ (꽃집에 남은 장미와 국화의 수)
$=4+6=10$(송이)

12 $9-3-4=2$, $8-1-2=5$, $7-4-1=2$이
므로 아랫줄 가운데 수는 위의 수에서 나머지 두 수
를 뺀 값이 되는 규칙입니다. ➡ $6-2-3=1$

13 은지가 모은 쿠폰은 3장, 소희가 모은 쿠폰은 4장이
므로 모두 $3+4=7$(장)입니다.
두 사람이 모은 쿠폰을 합쳐서 떡볶이 1인분을 무료로
먹으려면 쿠폰을 $10-7=3$(장) 더 모아야 합니다.

14 민우가 읽은 책의 수를 각각 세어 보면 동화책은 8권,
위인전은 2권, 만화책은 3권입니다.
➡ (민우가 읽은 책의 수)$=8+2+3=13$(권)

15 주어진 수 중에서 더해서 10이 되는 두 수는 1과 9입
니다. 합이 17이 되려면 10에 7을 더해야 하므로
합이 17이 되는 세 수는 1, 7, 9입니다.

46~51쪽 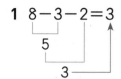 **3**단계 심화 유형 연습

심화1 ❶ 7, 1, 2 ❷ ㉠
1-1 ㉢　　　　　　　**1**-2 ㉠, ㉢, ㉡
심화2 ❶ 1 ❷ 5
2-1 3, 4　　　　　　**2**-2 예

	4	
3	5	7
	6	

심화3 ❶ 10 ❷ 2, 8
　　　　❸ $2+8+6=16$, $8+2+6=16$
3-1 $3+9+1=13$, $3+1+9=13$
3-2 4개
심화4 ❶ 5 ❷ 4, 5
4-1 1, 2　　　　　　**4**-2 5

심화5 ❶ 7개 ❷ $7+\blacksquare=10$ ❸ 3개
5-1 4자루　　　　　　**5**-2 1장
심화6 ❶ 2 ❷ 5 ❸ 13
6-1 11　　　　　　**6**-2 12

심화1 ❶ ㉠ $7+3=10$ ➡ $\square=7$
　　　㉡ $9+1=10$ ➡ $\square=1$
　　　㉢ $10-2=8$ ➡ $\square=2$
❷ $7>2>1$이므로 $\square$ 안에 알맞은 수가 가장 큰
것은 ㉠입니다.

1-1 ❶ ㉠ $9+1=10$ ➡ $\square=9$
　　　㉡ $10-5=5$ ➡ $\square=5$
　　　㉢ $8+2=10$ ➡ $\square=2$
❷ $2<5<9$이므로 $\square$ 안에 알맞은 수가 가장 작
은 것은 ㉢입니다.

1-2 ❶ ㉠ $4+6=10$ ➡ $\square=6$
　　　㉡ $10-3=7$ ➡ $\square=3$
　　　㉢ $10-4=6$ ➡ $\square=4$
❷ $6>4>3$이므로 $\square$ 안에 알맞은 수를 큰 수부
터 차례대로 기호를 쓰면 ㉠, ㉢, ㉡입니다.

심화2 ❶ 세로줄에서 $3+㉠+4=8$, $7+㉠=8$입니
다. $7+1=8$이므로 $㉠=1$입니다.
❷ 가로줄에서 $2+1+㉡=8$, $3+㉡=8$입니다.
$3+5=8$이므로 $㉡=5$입니다.

2-1 ① 가로줄에서 1+㉠+5=9, 6+㉠=9입니다.
6+3=9이므로 ㉠=3입니다.
② 세로줄에서 2+3+㉡=9, 5+㉡=9입니다.
5+4=9이므로 ㉡=4입니다.

2-2 ① 15는 5와 10으로 가르기할 수 있으므로 가로줄과 세로줄에서 각각의 빈칸에 들어가는 두 수의 합은 10입니다.
② 5를 제외한 나머지 수들 3, 4, 6, 7을 합이 10이 되도록 3과 7, 4와 6으로 둘씩 짝 지어 넣습니다.

심화 3 ① □+□+6=16이고, 16은 10+6이므로 □+□=10이 되어야 합니다.
② 수 카드에 적힌 두 수의 합이 10이 되어야 하므로 2와 8이 적힌 수 카드를 골라야 합니다.

3-1 ① 3+□+□=13이고, 13은 3+10이므로 □+□=10이 되어야 합니다.
② 수 카드에 적힌 두 수의 합이 10이 되어야 하므로 9와 1이 적힌 수 카드를 골라야 합니다.
③ 만들 수 있는 덧셈식은 3+9+1=13, 3+1+9=13입니다.

3-2 ① □+5+□=15이고, 15는 10+5이므로 □+□=10이 되어야 합니다.
② 수 카드에 적힌 두 수의 합이 10이 되어야 하므로 7과 3 또는 6과 4가 적힌 수 카드를 골라야 합니다.
③ 만들 수 있는 덧셈식은 7+5+3=15, 3+5+7=15, 6+5+4=15, 4+5+6=15로 모두 4개입니다.

심화 4 ① 6-1-●=5-●이므로 6-1-●<2를 간단히 나타내면 5-●<2입니다.
② 5-●<2에서 5-1=4<2(×), 5-2=3<2(×), 5-3=2<2(×), 5-4=1<2(○), 5-5=0<2(○)이므로 ●에 들어갈 수 있는 수는 4, 5입니다.

4-1 ① 8-2-□=6-□이므로 8-2-□>3을 간단히 나타내면 6-□>3입니다.
② 6-□>3에서 6-1=5>3(○), 6-2=4>3(○), 6-3=3>3(×), 6-4=2>3(×), 6-5=1>3(×), 6-6=0>3(×)이므로 □ 안에 들어갈 수 있는 수는 1, 2입니다.

4-2 ① □+1+2=□+3이므로 □+1+2<9를 간단히 나타내면 □+3<9입니다.
② □+3<9에서 1+3=4<9(○), 2+3=5<9(○), 3+3=6<9(○), 4+3=7<9(○), 5+3=8<9(○), 6+3=9<9(×), 7+3=10<9(×)이므로 □ 안에 들어갈 수 있는 수는 1, 2, 3, 4, 5입니다.
③ □ 안에 들어갈 수 있는 수 중 가장 큰 수는 5입니다.

심화 5 ① (상우가 가지고 있는 사탕의 수)
=3+4=7(개)
② 7+3=10이므로 동생이 가지고 있는 사탕은 3개입니다.

5-1 ① 유나의 필통에 들어 있는 빨간색과 파란색 볼펜의 수는 5+1=6(자루)입니다.
② 초록색 볼펜의 수를 ■자루라 하면 필통에 들어 있는 볼펜의 수를 나타내는 덧셈식은 6+■=10입니다.
③ 6+4=10이므로 초록색 볼펜은 4자루입니다.

5-2 ① (지호가 어제와 오늘 푼 수학 문제집의 장수)
=2+8=10(장)
② 두 사람이 어제와 오늘 푼 수학 문제집의 장수가 같으므로 규현이가 오늘 푼 수학 문제집을 ■장이라 하면 규현이가 어제와 오늘 푼 수학 문제집의 장수를 나타내는 덧셈식은 9+■=10입니다.
③ 9+1=10이므로 규현이가 오늘 푼 수학 문제집은 1장입니다.

심화 6 ① 8-4-2=2이므로 ●=2입니다.
② 9-●-●=▲ ➡ 9-2-2=7-2=5이므로 ▲=5입니다.
③ ▲+▲+3=★ ➡ 5+5+3=10+3=13이므로 ★=13입니다.

6-1 ① 9-3-5=6-5=1이므로 ◆=1입니다.
② 7-◆-◆=♥ ➡ 7-1-1=6-1=5이므로 ♥=5입니다.
③ ♥+♥+1=■ ➡ 5+5+1=10+1=11이므로 ■=11입니다.

6-2 ❶ ●+●+●=9 ➡ 3+3+3=6+3=9이
므로 ●=3입니다.
❷ 8−●−●=■ ➡ 8−3−3=5−3=2이
므로 ■=2입니다.
❸ ■+●+7=◆ ➡ 2+3+7=2+10=12
이므로 ◆=12입니다.

1 +, −	**2** 13
3 9개	**4** 8살, 2살
5	**6** 진영

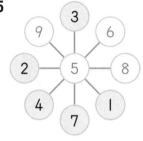

1 가장 왼쪽의 수(6)보다 등호(=) 오른쪽의 수(9)
가 커졌으므로 + 기호가 적어도 한 번은 들어갑
니다.
➡ 6+4+1=11(×), 6+4−1=9(○),
6−4+1=3(×)

참고
덧셈을 하면 수가 커지고 뺄셈을 하면 수가 작아집니다.

2 어떤 수를 □라 하면 □−3=7입니다.
10−3=7이므로 □=10입니다.
따라서 바르게 계산하면 10+3=13입니다.

3 4호선: 대공원 → 사당(4개)
2호선: 사당 → 교대(3개)
3호선: 교대 → 양재(2개)
➡ 도착할 때까지 모두 4+3+2=7+2=9(개)
의 역을 가서 내려야 합니다.

4 연석이와 수정이의 나이의 합이 10살이므로 더해서
10이 되는 두 수 중 차가 6인 것을 찾습니다.

10	1	2	3	4	5	6	7	8	9
	9	8	7	6	5	4	3	2	1

연석이가 수정이보다 6살 더 많으므로 연석이는
8살, 수정이는 2살입니다.

5 가운데 수를 □라 하면 3+□+7에서 3+7=10
이므로 선으로 연결된 세 수 중에서 양 끝의 두 수의
합은 10입니다.
➡ 2+⑧=10, 4+⑥=10, 1+⑨=10
이때 1부터 9까지의 수를 한 번씩만 사용하므로 가
운데 수는 사용하지 않은 수인 5입니다.

6 (효섭이가 처음에 가지고 있던 붙임딱지의 수)
=4+2+8=4+10=14(개)
(진영이가 처음에 가지고 있던 붙임딱지의 수)
=5+9+1=5+10=15(개)
➡ 14<15이므로 처음에 가지고 있던 붙임딱지가
더 많은 사람은 진영입니다.

1 2, 2	**2** 2
3 ㉡	**4** 3, 7
5 >	

6

1+9	4+5	9+0
2+8	7+2	3+5
4+6	7+3	5+5

7 ㉡	**8** 10개

9 2+6+4=12

10 예 ❶ (유미가 가지고 있는 공책의 수)
=(처음에 가지고 있던 공책의 수)
−(언니에게 준 공책의 수)
−(동생에게 준 공책의 수)이므로
8−2−3입니다.
❷ 유미가 가지고 있는 공책은
8−2−3=6−3=3(권)입니다. **답** 3권

11 15개	**12** 9
13 ㉢	**14** 3

15 예 ❶ 9−5−2=2이므로 ●=2입니다.
❷ 8−●−●=▲ ➡ 8−2−2=6−2=4
이므로 ▲=4입니다.
❸ ▲+▲+6=★ ➡ 4+4+6=4+10=14
이므로 ★=14입니다. **답** 14

3 ㉠ $1+2+6=3+6=9$

4 손가락 10개 중에서 3개를 접으면 펼친 손가락은 7개입니다. ➡ $10-3=7$

5 $10-4=6$, $10-5=5$ ➡ $6>5$

7 ㉠ $1+3+6=4+6=10$
㉡ $4+7+3=4+10=14$
㉢ $5+5+2=10+2=12$
➡ $14>12>10$이므로 계산 결과가 가장 큰 것은 ㉡입니다.

9 참고
전체 과자의 수를 구하는 덧셈식은 $6+2+4=12$, $4+2+6=12$ 등으로 더하는 수의 순서를 바꾸어 써도 합은 같습니다.

10 평가 기준
❶ 유미가 가지고 있는 공책의 수를 구하는 식을 씀.
❷ 유미가 가지고 있는 공책의 수를 구함.

11 (주머니에 들어 있는 구슬의 수)
$=5+7+3$
$=5+10=15$(개)

12 $1+1+3=5$, $2+4+3=9$, $5+3+1=9$이므로 가운데의 수는 바깥쪽의 세 수를 더한 값이 되는 규칙입니다. ➡ $1+6+2=9$

13 ㉠ $4+6=10$ ➡ $\square=6$
㉡ $10-7=3$ ➡ $\square=7$
㉢ $10-5=5$ ➡ $\square=5$
$5<6<7$이므로 $\square$ 안에 알맞은 수가 가장 작은 것은 ㉢입니다.

14 $7-1-\square=6-\square$이므로 $7-1-\square>2$를 간단히 나타내면 $6-\square>2$입니다.
$6-\square>2$에서 $6-1=5>2$(○),
$6-2=4>2$(○), $6-3=3>2$(○),
$6-4=2>2$(×), $6-5=1>2$(×),
$6-6=0>2$(×)이므로 $\square$ 안에 들어갈 수 있는 수는 1, 2, 3입니다. 이 중 가장 큰 수는 3입니다.

15 평가 기준
❶ ●를 구함.
❷ 위 ❶에서 구한 ●를 이용하여 ▲를 구함.
❸ 위 ❷에서 구한 ▲를 이용하여 ★을 구함.

3 모양과 시각

61~65쪽 **1단계 기본 유형 연습**

1 ( ) ( ) (×)

2

3
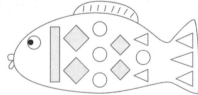

4

5 ㉣, ㉫

6 (○) (△)
(□) (□)
(□) (○)

7 예 동전, 시계

8 ●에 ○표

9 ▭에 ○표

10

11 ●에 ○표

12 예
(삼각형 그림)

13 ●에 ×표

14 은수

15 ▲에 ○표

16 ●에 ×표

17

18 5개

19 3개

20 6개

21 ●에 △표

22 (1) 8 (2) 5

23
(선 잇기)

24 (시계 그림)

25 (시계 그림) , 11시

26

27 (예) I2시에 피아노를 치고 있습니다.

28 ⓒ

29 II, 30

30 •
        •   •

31 (시계 그림)

32

33 책 읽기, 저녁 먹기

5 무늬, 색깔, 크기에 관계없이 ▲ 모양의 쿠키를 모두 찾아봅니다.
➡ ㉠, ㉢: ● 모양, ㉡, ㉣: ■ 모양, ㉤, ㉥: ▲ 모양

7 다른답 (예) 단추, 훌라후프

9 전체 모양을 완성하면 뾰족한 부분이 4군데이므로 ■ 모양입니다.

13 윗부분을 종이 위에 대고 본뜨면 ▲ 모양이 나오고, 옆부분을 종이 위에 대고 본뜨면 ■ 모양이 나옵니다.

14 은수: ■ 모양은 곧은 선이 있고, ● 모양은 곧은 선이 없습니다.

16 집과 울타리를 만드는 데 ■ 모양 8개, ▲ 모양 3개를 이용했습니다. ➡ 이용하지 않은 모양: ● 모양

21 ■ 모양: 3개, ▲ 모양: 4개, ● 모양: 2개
➡ 4>3>2이므로 주전자를 꾸미는 데 가장 적게 이용한 모양은 ● 모양입니다.

24~26 참고
● 시는 짧은바늘이 ●, 긴바늘이 I2를 가리키도록 그립니다.

27 짧은바늘과 긴바늘이 모두 I2를 가리키므로 I2시입니다.

평가 기준
12시를 넣어 문장을 완성했으면 정답으로 합니다.

31~32 참고
■ 시 30분은 짧은바늘이 ■와 (■+1)의 가운데, 긴바늘이 6을 가리키도록 그립니다.

33 긴바늘이 6을 가리키는 시각은 ■ 시 30분입니다. 따라서 긴바늘이 6을 가리키는 시각에 한 일은 책 읽기와 저녁 먹기입니다.

66~67쪽 1단계 기본 + 유형 완성

1-1 ▲에 ○표 **1-2** ●에 ○표 **1-3** 3개
2-1 6시 **2-2** I0시 **2-3** 3시 30분
3-1 가 **3-2** •
                      •   •
                      •   •
4-1 진우 **4-2** 진서 **4-3** 유준

1-3 뾰족한 부분이 4군데이고 곧은 선이 4개 있는 모양은 ■ 모양입니다. 꽃게 모양을 만드는 데 ■ 모양을 3개 이용했습니다.

2-1 긴바늘이 I2를 가리키므로 '몇 시'이고, 짧은바늘이 6을 가리키므로 6시입니다.

2-3 긴바늘이 6을 가리키므로 '몇 시 30분'이고, 짧은바늘이 3과 4의 가운데를 가리키므로 3시 30분입니다.

3-1 주어진 모양 조각은 ■ 모양 5개, ▲ 모양 2개, ● 모양 I개입니다.
가: ■ 모양 5개, ▲ 모양 2개, ● 모양 I개
나: ■ 모양 4개, ▲ 모양 2개, ● 모양 I개
➡ 주어진 모양 조각을 모두 이용하여 만든 것: 가

3-2 전략
모양의 개수가 같은 것끼리 잇습니다.

맨 위에 주어진 모양 조각과 가운데 오른쪽이 ■ 모양 2개, ▲ 모양 3개, ● 모양 3개로 같고, 맨 아래 주어진 모양 조각과 가운데 왼쪽이 ■ 모양 I개, ▲ 모양 4개, ● 모양 3개로 같습니다.

4-1 진우: 3시, 승희: 2시 30분
➡ 놀이터에 더 늦게 온 사람은 진우입니다.

4-2 우재: 8시 30분, 진서: 8시
➡ 학교에 더 먼저 온 사람은 진서입니다.

4-3 민주: 7시 30분, 유준: 7시, 성민: 9시
➡ 가장 먼저 일어난 사람은 유준입니다.

68~71쪽 2단계 실력 유형 연습

1 (△)(○)(□)

2 2, 30, 4

3 ㉡, ㉢ / ㉠, ㉤ / ㉣

4 ㉡, ㉣

5

6 4개

7 ■에 ○표

---

8 1개

9 ( )(○)( )(○)

10 5시 30분

11

12 2개

13 가

14 ㉢

---

4 본뜬 모양은 뾰족한 부분이 없으므로 ● 모양입니다.
➡ ● 모양을 본뜬 물건: ㉡ 접시, ㉣ 음료수 캔

6 ➡ ■ 모양: 2개
▲ 모양: 4개

7 ■ 모양 6개, ▲ 모양 5개, ● 모양 2개로 자동차의 창문을 꾸몄습니다.
➡ 6>5>2이므로 가장 많이 이용한 모양은 ■ 모양입니다.

8 ▲ 모양이 3개, ■ 모양이 2개이므로 ▲ 모양은 ■ 모양보다 3-2=1(개) 더 많습니다.

9 ・첫 번째 시계는 긴바늘이 12를 가리키므로 짧은바늘이 숫자를 가리키도록 그려야 합니다.
・세 번째 시계는 긴바늘이 6을 가리키므로 짧은바늘이 숫자와 숫자의 가운데를 가리키도록 그려야 합니다.

10 4시 30분 이후에 상영하는 영화를 볼 수 있으므로 4회 5시 30분 영화를 볼 수 있습니다.

11 2시는 짧은바늘이 2, 긴바늘이 12를 가리키도록 그리고, 2시 30분은 짧은바늘이 2와 3의 가운데, 긴바늘이 6을 가리키도록 그립니다.

주의
짧은바늘은 시, 긴바늘은 분을 가리키는 것을 바꾸어 그리지 않도록 주의합니다.

12 모든 국기는 ■ 모양이고, ● 모양을 찾을 수 있는 국기는 대한민국과 라오스 국기입니다.
➡ ■, ● 모양을 둘 다 찾을 수 있는 국기는 모두 2개입니다.

13 가는 ● 모양: 4개, ▲ 모양: 3개이고, 나는 ● 모양: 3개, ▲ 모양: 6개이므로 ● 모양을 ▲ 모양보다 더 많이 이용하여 만든 모양은 가입니다.

14 ㉠ 7시 30분 ㉡ 9시 ㉢ 7시이므로 가장 먼저 치른 경기는 ㉢입니다.

참고
시각이 가장 빠른 것이 가장 먼저 치른 경기입니다.

72~77쪽 3단계 심화 유형 연습

심화 1	**1** 6개, 3개	**2** 3개
1-1 2개		1-2 3개
심화 2	**1** 3개	**2** 6개
2-1 8개		2-2 3개

심화 3	**1**	**2** ▲ 모양, 8개
3-1 ■ 모양, 6개		3-2 4개
심화 4	**1** 3개 **2** 2개 **3** 5개	
4-1 8개		4-2 7개

심화 5	**1** 몇 시 30분에 ○표 **2** 12, 1
3 12시 30분	
5-1 8시	5-2 6시
심화 6	**1** 12시 30분 **2** 3시 30분
3 몇 시에 ○표 **4** 3번	
6-1 4번	6-2 10번

심화 1 **1** ■ 모양: 6개, ● 모양: 3개
2 ■ 모양은 ● 모양보다 6-3=3(개) 더 많습니다.

1-1 **1** ■ 모양: 3개, ▲ 모양: 5개
2 ■ 모양은 ▲ 모양보다 5-3=2(개) 더 적습니다.

1-2 **1** ▨ 모양: 5개, ▲ 모양: 2개, ● 모양: 4개

2 5>4>2이므로 가장 많은 모양은 ▨ 모양이고, 가장 적은 모양은 ▲ 모양입니다.

3 가장 많은 모양은 가장 적은 모양보다
5-2=3(개) 더 많습니다.

심화 2 **1** 똑같은 인형 모양 1개를 만드는 데 필요한 ● 모양은 3개입니다.

2 똑같은 인형 모양 2개를 만들려면 ● 모양은
3+3=6(개) 필요합니다.

2-1 **1** 똑같은 배 모양 1개를 만드는 데 필요한 ▨ 모양은 4개입니다.

2 똑같은 배 모양 2개를 만들려면 ▨ 모양은
4+4=8(개) 필요합니다.

2-2 **1** 똑같은 집 모양을 1개 만드는 데 ● 모양은 3개,
▲ 모양은 2개 필요합니다.

2 똑같은 집 모양 3개를 만들려면 ● 모양은
3+3+3=9(개), ▲ 모양은 2+2+2=6(개)
필요합니다.

3 ● 모양은 ▲ 모양보다 9-6=3(개) 더 필요
합니다.

심화 3 **2** 접힌 선을 따라 모두 자르면 ⊠ 이므로
▲ 모양이 8개 나옵니다.

3-1 **1** 색종이를 3번 접은 후 펼쳤을 때 접힌 선을 점선
으로 모두 표시하면 ▦ 입니다.

2 접힌 선을 따라 모두 자르면 ▤ 이므로
▨ 모양이 6개 나옵니다.

3-2 **1** 색종이를 3번 접은 후 펼쳤을 때 접힌 선과 빨간
색 선을 모두 표시하면 ⊠ 입니다.

2 빨간색 선을 따라 자르면 ⬚⬚ 이므로
▨ 모양이 4개 나옵니다.

심화 4 **2** ▤ , ▦ : 2개

3 ▨ 모양: 3개, ▦ 모양: 2개
→ 크고 작은 ▨ 모양: 3+2=5(개)

4-1 **1** △ 모양은 6개입니다.

2 △ 모양은 2개입니다.

3 주어진 그림에서 찾을 수 있는 크고 작은 ▲ 모
양은 모두 6+2=8(개)입니다.

4-2 **1** ◣ 모양은 4개입니다.

2 ◣ 모양은 2개입니다.

3 ◣ 모양은 1개입니다.

4 주어진 그림에서 찾을 수 있는 크고 작은 ▲ 모
양은 모두 4+2+1=7(개)입니다.

심화 5 **1** 시계의 긴바늘이 6을 가리키는 시각은 몇
시 30분입니다.

2 시계에서 가장 큰 수는 12이고, 가장 작은 수는
1입니다.

3 짧은바늘이 12와 1의 가운데를 가리키는 몇 시
30분은 12시 30분입니다.

5-1 **1** 시계의 긴바늘이 12를 가리키는 시각은 몇 시
입니다.

2 짧은바늘은 7보다 크고 9보다 작은 수인 8을
가리키고 있습니다.

3 설명하는 시각은 8시입니다.

5-2 **1** 시계의 긴바늘이 12를 가리키는 시각은 몇 시
입니다.

2 3시 30분과 6시 30분 사이의 시각 중 몇 시는
4시, 5시, 6시입니다.

3 이 중 시계의 긴바늘과 짧은바늘이 서로 반대 방
향을 가리키는 시각은 6시입니다.

심화 6 ❶ 시계의 짧은바늘이 12와 1의 가운데, 긴
바늘이 6을 가리키므로 12시 30분입니다.
❷ 시계의 짧은바늘이 3과 4의 가운데, 긴바늘이
6을 가리키므로 3시 30분입니다.
❸ 시계의 긴바늘이 12를 가리키는 시각은 몇 시
입니다.
❹ 12시 30분과 3시 30분 사이에 몇 시인 시각
은 1시, 2시, 3시입니다.
➡ 긴바늘은 12를 모두 3번 가리켰습니다.

6-1 ❶ 집에서 출발한 시각은 시계의 짧은바늘이 7, 긴
바늘이 12를 가리키므로 7시입니다.
❷ 집에 도착한 시각은 시계의 짧은바늘이 11, 긴
바늘이 12를 가리키므로 11시입니다.
❸ 시계의 긴바늘이 6을 가리키는 시각은 몇 시 30분
입니다.
❹ 7시와 11시 사이에 몇 시 30분인 시각은 7시
30분, 8시 30분, 9시 30분, 10시 30분입니
다. ➡ 긴바늘은 6을 모두 4번 가리켰습니다.

6-2 ❶ 시계의 짧은바늘이 6을 가리키는 시각은 6시
한 번뿐이고, 긴바늘이 6을 가리키는 시각은
몇 시 30분입니다.
❷ 어젯밤 10시와 오늘 아침 7시 사이에 시계의
긴바늘이 6을 가리키는 시각은 10시 30분,
11시 30분, 12시 30분, 1시 30분, 2시 30분,
3시 30분, 4시 30분, 5시 30분, 6시 30분
입니다.
❸ 연우가 잠을 자는 동안 시계의 짧은바늘과 긴바늘
은 6을 모두 1+9=10(번) 가리켰습니다.

2 시계에서 가장 작은 수는 1이고, 가장 큰 수는 12
입니다.
시계의 짧은바늘이 1을 가리키고, 긴바늘이 12를
가리키는 시각은 1시입니다.

3 뾰족한 부분이 3군데인 모양은 ▲ 모양이고, 뾰족
한 부분이 없는 모양은 ● 모양입니다.
▲ 모양: 7개, ● 모양: 2개이므로 ▲ 모양은
● 모양보다 7-2=5(개) 더 많습니다.

4 시계의 긴바늘이 6을 가리키는 시각은 몇 시 30분
이고, 이때 짧은바늘은 연속된 두 수의 가운데에 있
습니다. 합이 9가 되는 연속된 두 수는 4와 5이므
로 시계가 나타내고 있는 시각은 4시 30분입니다.

5 민수: 시계, 단추(● 모양), 엽서, 자(■ 모양)
소혜: 트라이앵글, 삼각자(▲ 모양),
탬버린, 동전(● 모양)
➡ 두 사람이 모두 가지고 있는 모양은 ● 모양이므로
● 모양만 이용하여 꾸민 동물은 고양이입니다.

6 • 책 읽기: 시계의 짧은바늘이 2와 3의 가운데, 긴
바늘이 6을 가리키므로 2시 30분입니다.
• 점심 식사: 시계의 짧은바늘과 긴바늘이 둘 다 12
를 가리키므로 12시입니다.
• 수영 배우기: 시계의 짧은바늘이 4와 5의 가운
데, 긴바늘이 6을 가리키므로 4시 30분입니다.
➡ 먼저 한 일부터 순서대로 쓰면 점심 식사, 책 읽
기, 수영 배우기입니다.

78~79쪽 **3**단계 심화 ➕ 유형 완성

1 5개   2 1시   3 5개
4 4시 30분   5 고양이
6 점심 식사, 책 읽기, 수영 배우기

1 왼쪽 모양은 ● 모양의 일부분입니다.
선풍기를 만든 모양에서 ● 모양은 날개 부분에
1개, 몸통 부분에 4개이므로 모두 5개 있습니다.

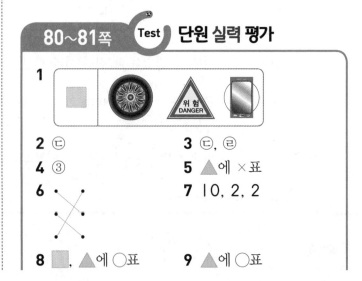

80~81쪽 Test 단원 실력 평가

1
2 ㉢   3 ㉢, ㉣
4 ③   5 ▲ 에 ×표
6   7 10, 2, 2
8 ■, ▲ 에 ○표   9 ▲ 에 ○표

10 (예) 짧은바늘이 11과 12의 가운데에 있고, 긴바늘이 6을 가리키므로 11시 30분으로 읽어야 합니다. / 11시 30분

11 아버지　　　　　　**12** 3개

13 8개

14 (예) ❶ 뾰족한 부분이 4군데인 모양:
　　　　■ 모양(3개)
　　❷ 뾰족한 부분이 3군데인 모양:
　　　　▲ 모양(2개)
　　❸ ■ 모양은 ▲ 모양보다 3−2=1(개) 더
많습니다.　　　　　　　　　　　**답** 1개

4 짧은바늘이 6을 가리키는 시각은 ③ 6시입니다.

> **참고**
> 몇 시 30분은 긴바늘이 6을 가리킵니다.

8 나무 조각의 윗부분을 찍으면 ▲ 모양이 나오고, 옆부분을 찍으면 ■ 모양이 나옵니다.

9 뾰족한 부분이 있는 모양: ■ 모양과 ▲ 모양
■ 모양과 ▲ 모양 중에서 트라이앵글과 같은 모양은 ▲ 모양이므로 두 사람이 설명하는 모양은 ▲ 모양입니다.

10 **평가 기준**
> 시계의 짧은바늘과 긴바늘의 위치를 확인하여 영훈이가 시각을 잘못 읽은 까닭을 쓰고, 시각을 바르게 읽었으면 정답으로 합니다.

11 지민: 7시, 어머니: 6시 30분, 아버지: 8시
➜ 가장 늦게 일어난 사람은 아버지입니다.

12 점선을 따라 자른 후에 펼친 모양은 다음과 같습니다.
➜ ▲ 모양: 3개

13
■ 모양: 4개
■ 모양: 3개
■ 모양: 1개
➜ 4+3+1=8(개)

14 **평가 기준**
> ❶ 뾰족한 부분이 4군데인 모양과 개수를 구함.
> ❷ 뾰족한 부분이 3군데인 모양과 개수를 구함.
> ❸ ❶은 ❷보다 몇 개 더 많은지 구함.

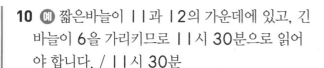

4 덧셈과 뺄셈 (2)

86~92쪽 1단계 기본 유형 연습

1 방법1 10, 11 / 11
　 방법2 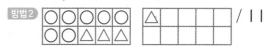 / 11

2 (예) / 12개

3 6, 15 / 15개　　　　**4** 17개

5 7+7=14 / 14개

6 (왼쪽에서부터) 2, 13

7 (왼쪽에서부터) (1) 4, 14　(2) 4, 14

8 (왼쪽에서부터) 2, 1, 13

9 (1) 14　(2) 11

10 6+9=15 / 15개

11 ㉢　　　　　　　　**12** <

---

13 (예) 5, 12 / (예) 7+6=13

14 6+5=11 / 11마리

15 6+6=12 / 12개

16 10, 11, 12 / 더하는 수가 1씩 커지므로 합도 1씩 커집니다.

17 15, 16, 17

18 　　**19** 9+7, 8+8에 색칠

20 (예) 9+5=14 /
　　　　 8+6=14

21 (위에서부터) 12, 13, 14 /

22 (왼쪽에서부터) 9, 10, 11 / 9

23 6 / 보라, 6　　　**24** 8

---

25 (예) / 8

26 9, 6 / 6개　　　**27** 11−6=5 / 5개

28 (왼쪽에서부터) 10, 10

29 (왼쪽에서부터) (1) 2, 8　(2) 7, 9

30 (1) 7　(2) 6　　　**31** 6

32 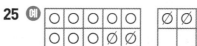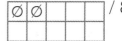　　**33** 8개

　　　　　　　　　34 파란색

35 ㉠   **36** 13−4=9 / 9권

37 15−8=7 / 7장

---

38 6, 5, 4

39 (왼쪽에서부터) 7, 8, 9 / 7, 8, 9

40 ㉠   **41** (○)(○)(   )

42 (위에서부터) 9, 8, 7, 8 / 12−4, 13−5

43 (왼쪽에서부터) 9, 8

---

3 (노란색 깡통의 수)+(빨간색 깡통의 수)
=9+6=15(개)

5 (하린이가 모은 페트병의 수)
+(도윤이가 모은 페트병의 수)
=7+7=14(개)

8 먼저 5와 5를 더하여 10을 만들고 남은 2와 1을 더하면 13이 됩니다.

10 붙어 있는 스티커는 6개이고 더 붙인 스티커는 9개 이므로 태형이가 붙인 스티커는 모두 6+9=15(개) 입니다.

11 ㉠ 9+5=14   ㉡ 5+7=12   ㉢ 8+8=16
       1 4   5 2   2 6

➡ 계산 결과가 16인 것은 ㉢입니다.

13 분홍색 주머니의 수와 초록색 주머니의 수를 더해 파란색 주머니의 수가 되어야 합니다.
7+8=15, 9+5=14, 9+6=15와 같이 만들 수도 있습니다.

14 (돌고래의 수)+(펭귄의 수)=6+5=11(마리)
                             4 1

15 (흰 우유의 수)+(초코우유의 수)=6+6=12(개)
                              4 2

19 7+9=16이므로 합이 16인 덧셈식을 찾습니다.
합이 16인 식은 9+7, 8+8입니다.

20 합이 14가 되는 덧셈식은 9+5, 8+6, 6+8, 5+9가 있습니다.

21 7+5=12, 5+8=13, 5+9=14이므로 합이 작은 순서대로 11 → 12(7+5) → 13(5+8) → 14(5+9)를 잇습니다.

34 12−5=7이므로 파란색을 칠해야 합니다.

36 (처음에 가지고 있던 동화책의 수)
−(알뜰 서점에 판 동화책의 수)
=13−4=9(권)

37 (소현이가 가지고 있는 캐릭터 카드의 수)
−(은성이가 가지고 있는 캐릭터 카드의 수)
=15−8=7(장)

40 ㉡ 오른쪽 식에서 빼는 수는 그대로이고 빼지는 수 가 1씩 커지면 차도 1씩 커진다는 것을 알 수 있 습니다.

42 12−3=9, 12−4=8, 12−5=7, 13−5=8입니다.
11−3=8이므로 11−3을 제외하고 차가 8인 식을 찾으면 12−4, 13−5입니다.

43 빼지는 수가 1씩 커지면 빼는 수도 1씩 커져야 차가 같아집니다.
➡ 11−6=5, 12−7=5, 13−8=5, 14−9=5

93~94쪽 1단계 기본 ➕ 유형 완성

1-1
7 + 4 = 11	9
5	6 + 8 = 14
9 + 7 = 16	3

1-2
19	14 − 9 = 5
15 − 8 = 7	4
9	12 − 6 = 6

1-3
9 + 8 = 17	6
7 + 5 = 12	8
3	5 + 6 = 11
4	7 + 8 = 15

2-1 3   **2-2** 9   **2-3** 9

3-1 15   **3-2** 8   **3-3** 15

4-1 10장   **4-2** 10개   **4-3** 1개

1-1 주어진 $7+4=11$을 제외하고 덧셈식 2개를 더 찾습니다.

→ $6+8=14$, $9+7=16$

1-2 주어진 $14-9=5$를 제외하고 뺄셈식 2개를 더 찾습니다.

→ $15-8=7$, $12-6=6$

1-3 주어진 $9+8=17$을 제외하고 덧셈식 3개를 더 찾습니다.

→ $7+5=12$, $5+6=11$, $7+8=15$

2-1 보이지 않는 수를 □라 하면 $8+□=11$입니다.
8과 모으기하여 11이 되는 수는 3입니다.
따라서 $8+3=11$이므로 □=3입니다.

2-2 보이지 않는 수를 □라 하면 $□+6=15$입니다.
6과 모으기하여 15가 되는 수는 9입니다.
따라서 $9+6=15$이므로 □=9입니다.

2-3 $7+7=14$이므로 보이지 않는 수를 □라 하면
$5+□=14$입니다. 5와 모으기하여 14가 되는
수는 9입니다.
따라서 $5+9=14$이므로 □=9입니다.

3-1 $5+9=14$
→ 14보다 큰 수는 15, 16, 17, ...이고 이 중에서 가장 작은 수는 15입니다.

3-2 $15-8=7$
→ 7보다 큰 수는 8, 9, 10, ...이고 이 중에서 가장 작은 수는 8입니다.

3-3 $8+8=16$
→ 16보다 작은 수는 15, 14, 13, ...이고 이 중에서 가장 큰 수는 15입니다.

4-1 (전체 색종이의 수)$=4+9=13$(장)
13은 3과 10으로 가르기할 수 있으므로
남은 색종이는 10장입니다.

4-2 (전체 구슬의 수)$=7+8=15$(개)
15는 5와 10으로 가르기할 수 있으므로
남은 구슬은 10개입니다.

4-3 (전체 모자의 수)$=5+6=11$(개)
11은 10과 1로 가르기할 수 있으므로 남은 모자는 1개입니다.

95~99쪽 **2**단계 **실력 유형 연습**

1 13
2 예 $13-6=7$
3 6, 7, 8, 9
4 13개

---

5 (○)(　)(○)(　)
6 14, 7
7 8
8 $14-5=9$ / 9개
9 ㉢
10 $14-8$, $12-6$에 ○표
11

12 7장

---

13 (왼쪽에서부터) 15, 16
14 9
15 ㉡
16 (위에서부터) [점 그림] / 14 / 9, 14

17 4대
18 예 7, 13 / 예 $14-9=5$
19 초콜릿에 ○표, 빵에 ○표 / 6, 7

---

1 △ 안에 있는 수: 7, 6 → $7+6=13$
2 (나비의 수)－(벌의 수)$=13-6=7$

> **참고**
> $19-6=13$, $19-13=6$과 같이 쓸 수도 있습니다.

4 (오이의 수)＋(무의 수)$=5+8=13$(개)
　　　　　　　　　　　　　 ⌄
　　　　　　　　　　　　 5 3

7 주어진 수를 작은 수부터 순서대로 쓰면 5, 9, 12, 13이므로 가장 큰 수는 13이고, 가장 작은 수는 5입니다.

→ $13-5=8$

9 ㉠ $12-4=8$ ㉡ $15-7=8$ ㉢ $16-9=7$
→ 차가 다른 식은 ㉢입니다.

10 $15-9=6$이므로 차가 6인 식은
$14-8$, $12-6$입니다.

12 (다은이가 사용하고 남은 색종이의 수)
$=10-5=5$(장)
(시후가 사용한 색종이의 수)$=12-5=7$(장)

13 $8+8=16$, $6+9=15$

14 $\boxed{9}$와 8을 모으기하면 17이 됩니다.
$\boxed{9}+8=17$이므로 어떤 수는 9입니다.

16 $6+8=14$이고, 5와 더해 14가 되는 수는 9이므로 점을 9개 그려야 합니다.
➡ 덧셈식으로 나타내면 $5+9=14$입니다.

17 (주차장에 있던 자동차의 수)
$+$(더 들어온 자동차의 수)$=7+5=12$(대)
(주차장에 남아 있는 자동차의 수)
$=12-$(나간 자동차의 수)$=12-8=4$(대)

18 • $6+7=13$, $6+8=14$와 같이 덧셈식을 만들 수 있습니다.
• $12-7=5$, $12-8=4$, $13-6=7$, $13-8=5$, $13-9=4$, $14-6=8$, $14-7=7$, $14-9=5$와 같이 뺄셈식을 만들 수 있습니다.

주 의
각각의 열기구에서 수를 골랐을 때 두 수의 합은 초록색 열기구에 있는 수 중 하나여야 하고, 두 수의 차는 빨간색 열기구에 있는 수 중에서 하나여야 한다.

100~105쪽 3단계 심화 유형 연습

심화 1	❶ 8	❷ 15
1-1 14		1-2 5
심화 2	❶ 작은에 ○표	❷ 12, 5
❸ 12−5=7		
2-1 11−3=8		2-2 민규

심화 3	❶ 9개	❷ 6개
3-1 6마리		3-2 8개
심화 4	❶ 7개	❷ 8개 ❸ 15개
4-1 14자루		4-2 10개

심화 5	❶ 14	❷ 8
5-1 9		5-2 7, 9
심화 6	❶ 4	❷ 8개 ❸ 16개
6-1 12개		6-2 14개

심화 1 ❶ 17은 8과 9로 가르기할 수 있으므로
$17-8=9$입니다. ➡ ●=8
❷ ●=8이므로 ●$+7=$◆에서 $8+7=$◆,
◆$=15$입니다.

1-1 ❶ 15는 9와 6으로 가르기할 수 있으므로
$15-9=6$입니다. ➡ ■=9
❷ ■=9이므로 ■$+5=$♥에서 $9+5=$♥,
♥$=14$입니다.

1-2 ❶ 8과 8을 모으기하면 16이 되므로 $8+8=16$입니다. ➡ ★=8
❷ ★=8이므로 ★$+4=$▲$+7$에서
$8+4=$▲$+7$, ▲$+7=12$입니다.
5와 7을 모으기하면 12가 되므로
$5+7=12$입니다. ➡ ▲=5

심화 2 ❷ $12>10>9>5$이므로 가장 큰 수는 12, 가장 작은 수는 5입니다.
❸ 수 카드로 만들 수 있는 차가 가장 큰 뺄셈식은
$12-5=7$입니다.

2-1 ❶ 두 수의 차가 가장 크려면
(가장 큰 수)$-$(가장 작은 수)이어야 합니다.
❷ $11>7>6>3$이므로 가장 큰 수는 11, 가장 작은 수는 3입니다.
❸ 수 카드로 만들 수 있는 차가 가장 큰 뺄셈식은
$11-3=8$입니다.

2-2 ❶ 은채가 만든 차가 가장 큰 뺄셈식: $11-5=6$
❷ 민규가 만든 차가 가장 큰 뺄셈식: $12-4=8$
❸ $6<8$이므로 차가 더 큰 뺄셈식을 만든 사람은 민규입니다.

심화 3 ❶ (새싹이 난 채송화 씨앗의 수)
$=7+2=9$(개)
❷ (새싹이 나지 않은 채송화 씨앗의 수)
$=15-9=6$(개)

3-1 ❶ (명호의 닭이 낳은 알의 수)$=5+3=8$(개)
❷ (명호의 닭 중 알을 낳지 않은 닭의 수)
$=14-8=6$(마리)

3-2 ① (도겸이가 분 풍선의 수)
　　　　＝9－1＝8(개)
② (도겸이가 불지 않은 풍선의 수)
　　＝16－8＝8(개)

심화 4　① (남은 사과의 수)＝14－7＝7(개)
② (남은 감의 수)＝17－9＝8(개)
③ (남은 사과와 감의 수의 합)＝7＋8＝15(개)

4-1　① (남은 연필의 수)＝12－4＝8(자루)
② (남은 색연필의 수)＝11－5＝6(자루)
③ (남은 연필과 색연필의 수의 합)
　　＝8＋6＝14(자루)

4-2　① (혜지가 먹고 남은 사탕의 수)
　　　＝13－7＝6(개)
② (민주가 가지고 있는 사탕의 수)
　　＝(혜지가 가지고 있는 사탕의 수)
　　＝13개
(민주가 먹고 남은 사탕의 수)＝13－9＝4(개)
③ (두 사람이 먹고 남은 사탕의 수의 합)
　　＝6＋4＝10(개)

심화 5　① 9＋5＝14
② 7＋8＝15(○), 7＋6＝13(×)이므로 지호는 8이 적힌 공을 꺼내야 합니다.

5-1　① 세아가 꺼낸 공에 적힌 두 수의 합은
3＋8＝11입니다.
② 4＋9＝13(○), 4＋7＝11(×)이므로 지민이는 9가 적힌 공을 꺼내야 합니다.

5-2　① 재현이가 고른 카드에 적힌 두 수의 합은
8＋4＝12입니다.
② 6＋9＝15(○), 6＋7＝13(○),
6＋5＝11(×)이므로 성재는 7 또는 9가 적힌 카드를 골라야 합니다.

심화 6　② (동생에게 주기 전 딱지의 수)
　　　＝4＋4＝8(개)
③ (연준이가 처음에 가지고 있던 딱지의 수)
　　＝8＋8＝16(개)

6-1　①
처음에 가지고 있던 젤리
먹은 젤리　친구에게 준 젤리　남은 젤리: 3개
② (친구에게 주기 전 젤리의 수)＝3＋3＝6(개)
③ (나래가 처음에 가지고 있던 젤리의 수)
　　＝6＋6＝12(개)

6-2　①
처음에 가지고 있던 구슬
언니에게 준 구슬
친구 1명에게 준 구슬: 3개　친구 1명에게 준 구슬: 3개
남은 구슬: 1개
② (친구 2명에게 주기 전 구슬의 수)
　　＝1＋3＋3＝7(개)
③ (소희가 처음에 가지고 있던 구슬의 수)
　　＝7＋7＝14(개)

106~107쪽 3단계 심화 ➕ 유형 완성

| 1 5, 7 | 2 청아 | 3 옥수수, 4개 |
| 4 3개 | 5 8개 | 6 6가지 |

1 합이 12가 되는 두 수는 8＋4＝12, 5＋7＝12이므로 각각 8과 4, 5와 7입니다.
두 수의 차는 8－4＝4, 7－5＝2이므로 고른 두 수 카드에 적힌 수는 5와 7입니다.

2 (이찬이가 읽은 책의 수)＝7＋4＝11(권)
(청아가 읽은 책의 수)＝8＋8＝16(권)
➜ 11<16이므로 청아가 읽은 책의 수가 더 많습니다.

3 (남은 고구마의 수)＝13－8＝5(개)
(남은 옥수수의 수)＝16－7＝9(개)
➜ 5<9이므로 옥수수가 9－5＝4(개) 더 많이 남았습니다.

4 (엄마가 캔 감자의 수)＝4＋5＝9(개)
10개씩 1상자와 낱개 5개는 15개이므로
(아빠가 캔 감자의 수)＝15－9＝6(개)입니다.
따라서 엄마는 아빠보다 감자를 9－6＝3(개) 더 많이 캤습니다.

5 (성재가 가지고 있는 구슬의 수)=9+6=15(개)
15보다 1만큼 더 큰 수는 16이므로 민규는 구슬
16개를 가지고 있습니다.
➡ (민규가 가지고 있는 빨간색이 아닌 구슬의 수)
=16-8=8(개)

> **참고**
> ▲는 ■보다 1개 더 많습니다.
> ➡ ■보다 1만큼 더 큰 수는 ▲입니다.

6 빼는 수인 □ 안에 3부터 수를 순서대로 넣어 뺄셈
식을 만들어 봅니다.
12-3=9 (○), 12-4=8 (○),
12-5=7 (○), 12-6=6 (×),
12-7=5 (○), 12-8=4 (○),
12-9=3 (○)
➡ 만들 수 있는 뺄셈식은 모두 6가지입니다.

108~109쪽 Test 단원 실력 평가

1 (왼쪽에서부터) 4, 9
2 (1) 11 (2) 8
3 10   **4** 5
5 >   **6** 8+5=13 / 13개
7 ㉡   **8** ㉢
9 15-6=9 / 9개
10

7+6	12-3	6+8
13-4	8+5	14-5
7+9	15-6	9+4

11 7
12 예 ❶ (4개를 더 사기 전의 초콜릿의 수)
=13-4=9(개)
❷ (태형이가 처음에 가지고 있던 초콜릿의 수)
=9+2=11(개)   답 11개
13 9   **14** 9
15 예 ❶ (세찬이가 읽은 책의 수)=7+8=15(권)
❷ (소민이가 읽은 책의 수)=9+4=13(권)
❸ 15>13이므로 책을 더 많이 읽은 사람은
세찬입니다.   답 세찬

4 쿠키는 11개, 빵은 6개이므로 쿠키가
11-6=5(개) 더 많습니다.

5 16-7=9이므로 9>7입니다.

6 (딸기 깡통의 수)+(파인애플 깡통의 수)
=8+5=13(개)

7 ㉠ 7+5=12 ㉡ 5+6=11 ㉢ 8+2=10

8 ㉠ 8+7=15 ㉡ 5+9=14 ㉢ 7+6=13
➡ 13<14<15이므로 합이 가장 작은 것은 ㉢입니
다.

9 (남은 사탕의 수)
=(처음에 있던 사탕의 수)-(먹은 사탕의 수)
=15-6=9(개)

10 • 6+7=13이므로 합이 같은 식은
7+6, 8+5, 9+4입니다.
• 11-2=9이므로 차가 같은 식은
12-3, 13-4, 14-5, 15-6입니다.

11 13-7=6
➡ 6보다 큰 수는 7, 8, 9, ...이고 이 중에서 가장
작은 수는 7입니다.

12 **평가 기준**
❶ 4개를 더 사기 전의 초콜릿의 수를 구함.
❷ 태형이가 처음에 가지고 있던 초콜릿의 수를 구함.

13 차가 가장 크려면 (가장 큰 수)-(가장 작은 수)이어
야 합니다.
가장 큰 수: 15, 가장 작은 수: 6
➡ 15-6=9

14 • 11은 5와 6으로 가르기할 수 있으므로
11-5=6에서 ■=5입니다.
• ■=5이므로 ■+8=◆에서 5+8=◆,
◆=13입니다.
• ◆=13이므로 ◆-4=♥에서 13-4=♥,
♥=9입니다.

15 **평가 기준**
❶ 세찬이가 읽은 책의 수를 구함.
❷ 소민이가 읽은 책의 수를 구함.
❸ 책을 더 많이 읽은 사람을 구함.

5 규칙 찾기

114~118쪽  **기본 유형 연습**

1 (예) 검은, 노란
2 ( ) (○) ( )
3 ▽, ▲
4 ◆, ◆
5
6 건우
7  / 굴, 포도,
　굴 이 반복됩니다.
8
9
10 ㉠
11 (예)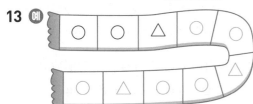
12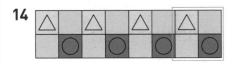
13 (예)

○ ○ △ ○ ○

○ △ △ ○ ○

14

△ △ △ △

● ● ● ●

15 |
16 ㉡
17 5, 5, 5, 7
18 17, 23, 26
19 30, 26, 22
20 (위에서부터) 7 / 18 / 28, 29
21 (예) 50, 55, 60, 65 / (예) 5씩 커집니다.
22 10씩
23 1씩
24 (예) 1부터 시작하여 11씩 커집니다.
25 (위에서부터) 88, 89, 90 / 98, 99, 100
26 4

27 51, 56, 61, 66에 색칠
28 ㉡

29 ○, △, △
30 2, 4, 2
31 서기에 ○표
32 (위에서부터) 짝, 쿵
33 ×, ○, △
34 ㄷ, ㄱ, ㄷ
35 [주사위 그림] / 8, 5

2 빵, 사탕, 우유가 반복되므로 빈칸에 들어갈 물건은
　사탕입니다.

3 ▽, ▲, ▲가 반복됩니다.

5 병의 색이 초록색, 분홍색이 반복됩니다. 분홍색 다
　음에는 초록색이 와야 하므로 마지막 병에는 초록색
　을 칠해야 합니다.

10 ㉡ 컵의 색을 빨간색, 파란색이 반복되게 놓았습니다.

12 첫째 줄은 ★, ◆이 반복되고, 둘째 줄은 ◆, ★이
　반복되는 규칙입니다.

13 규칙에 따라 모양을 그렸다면 정답으로 인정합니다.

14 첫째 줄은 '△ □'이 반복되는 규칙입니다.

　둘째 줄은 '□ ●'이 반복되는 규칙입니다.

20 → 방향으로 1씩 커지고, ↓ 방향으로 10씩 커집니다.

21 45부터 일정하게 커지는 규칙을 만듭니다.

25 •87부터 시작하여 1씩 커지면 88, 89, 90입니다.
　•97부터 시작하여 1씩 커지면 98, 99, 100입
　니다.

26 12−16−20−24−28−32−36−40
　➡ 4씩 커지는 규칙입니다.

27 31부터 시작하여 5씩 커지는 규칙입니다.

28 ㉡ 나는 ↑ 방향으로 1씩 작아지는 규칙입니다.

참고
→, ←, ↑, ↓, ↘, ↗ 방향으로 규칙을 각각 찾을 수 있
습니다.

29 지우개−연필−연필이 반복되는 규칙이고, 규칙을
　모양으로 나타내면 ○, △, △가 반복되는 규칙입니
　다.

BOOK ❶

114
~
118
쪽

23

33 신호등의 불이 초록색－노란색－빨간색이 반복되는 규칙이고, 신호등의 불의 규칙을 모양으로 나타내면 ○, △, ✕가 반복되는 규칙입니다.

35 점의 규칙을 수로 나타내면 8, 5가 반복되는 규칙입니다.

119~120쪽 1단계 기본 ✛유형 완성

1-1 46에 ✕표   **1-2** 79에 ○표

1-3 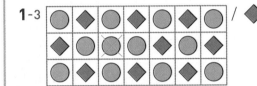 / ◆

2-1 ㉡   **2-2** ㉡

3-1   **3-2**   **3-3** / 8시

4-1 38   **4-2** 23   **4-3** 68

1-2 100부터 시작하여 2씩 작아지므로 80 다음에 놓이는 수는 80보다 2만큼 더 작은 78이어야 합니다.

1-3 첫째, 셋째 줄은 ●, ◆가 반복되는 규칙이고, 둘째 줄은 ◆, ●가 반복되는 규칙이므로 ● 다음에 놓이는 모양은 ◆이어야 합니다.

2-1 보기의 수배열은 3씩 커지는 규칙입니다.
㉠은 2씩 커지는 규칙이고 ㉡은 3씩 커지는 규칙입니다.
➜ 보기와 규칙이 같은 것은 ㉡입니다.

2-2 보기는 연결 모형의 개수가 9개, 4개, 4개가 반복되는 규칙입니다.
보기와 규칙이 같은 것은 ㉡입니다.

3-1 긴바늘은 모두 12를 가리키고, 짧은바늘이 가리키는 숫자가 4, 5, 6으로 1씩 커지는 규칙이므로 마지막 시계에 7시를 나타내도록 그립니다.

4-1 보기의 수 배열은 8씩 커지는 규칙입니다.
➜ 22부터 8씩 커지는 수를 순서대로 쓰면
22－30－<u>38</u>－46－54입니다.
        ㉠

4-3 색칠한 수들은 37, 42, 47, 52, 57로 5씩 커지는 규칙입니다.
43부터 시작하여 5씩 커지는 수를 순서대로 쓰면 43, 48, 53, 58, 63, 68, …입니다.
따라서 ㉠에 알맞은 수는 68입니다.

121~123쪽 2단계 실력 유형 연습

1 (○)( )   **2** ㉡

3 16, 8, 4 / 4, 작아

4

1	2	3	4	5	6	7	8	9	10
11	12	13	14	15	16	17	18	19	20
21	22	23	24	25	26	27	28	29	30
31	32	33	34	35	36	37	38	39	40
41	42	43	44	45	46	47	48	49	50

5 예 5부터 시작하여 ＼ 방향으로 11씩 커집니다.

6 8, 10, 12, 14, 16

7 ◎, ●, ○, ◎, ●   **8** 2

9 ⚁, ⚀ / 5, 2   **10** 13호

---

2 모양이 반복되게 규칙을 만든 것은 ㉡입니다.
㉠은 세 가지 모양을 사용했고 규칙적이지 않습니다.

3 28부터 시작하여 4씩 작아지는 규칙입니다.
28－24－20－16－12－8－4

5 평가 기준
＼ 방향으로 11씩 커진다고 썼으면 정답으로 합니다.

6 보기의 수 배열은 2씩 커지는 규칙입니다.

8 뒤집히지 않은 윷이 첫째 줄은 1개, 2개, 3개가 반복되고, 둘째 줄은 3개, 1개, 2개가 반복되는 규칙입니다.
첫째 줄은 1, 2, 3이, 둘째 줄은 3, 1, 2가 반복되는 규칙입니다.
➜ ☆에 알맞은 수는 2입니다.

10 옷의 치수는 3부터 2씩 커지는 규칙입니다. 11보다 2만큼 더 큰 수는 13이므로 민주는 13호를 사야 합니다.

심화 1 ❶ 2, 5, 5 ❷ 2개, 5개 ❸ 7개
1-1 4개   1-2 2개
심화 2 ❶ 9, 6, 10, 4 ❷ 24
2-1 4번   2-2 28번

───────────────────────────

심화 3 ❶ 60 ❷ 64
3-1 85   3-2 57
심화 4 ❶ 3, 1, 4 ❷ 1개, 4개 ❸ 5개
4-1 11개   4-2 6개

───────────────────────────

심화 5 ❶ 분홍, 하늘
❷ 분홍색, 분홍색 / 하늘색, 하늘색 / 분홍색, 하늘색
❸ 3켤레
5-1 2권   5-2 5개
심화 6 ❶ 10개 ❷ 5개 ❸ 흰색 바둑돌, 5개
6-1 검은색 바둑돌, 6개
6-2 검은색 바둑돌, 10개

심화 1 ❷ 2개, 5개, 5개가 반복되므로 ㉠에는 펼친 손가락 2개, ㉡에는 펼친 손가락 5개 그림이 들어갑니다.
❸ 2+5=7(개)

1-1 ❶ 펼친 손가락이 2개, 2개, 5개가 반복되는 규칙입니다.
❷ 빈칸에는 순서대로 펼친 손가락 2개, 펼친 손가락 2개 그림이 들어갑니다.
❸ 펼친 손가락은 모두 2+2=4(개)입니다.

1-2 ❶ 민규는 펼친 손가락이 2개, 5개, 2개가 반복되는 규칙입니다.
❷ 8번째에 민규는 보, 정한이는 가위를 냈고, 9번째에 민규는 가위, 정한이는 바위를 냈습니다.
❸ 정한이가 펼친 손가락은 2개, 0개로 모두 2+0=2(개)입니다.

심화 2 ❶ 수가 몇씩 커지는지 알아봅니다.
❷ 넷째 줄은 4부터 시작하여 4씩 커지는 수를 쓰면 4, 8, 12, 16, 20, 24이므로 ㉠에 알맞은 수는 24입니다.

2-1 ❶ 좌석의 번호가 ↑ 방향으로 22, 15, 8과 23, 16, 9이므로 ↑ 방향으로 7씩 작아지는 규칙입니다.
❷ 25부터 시작하여 7씩 작아지는 수를 쓰면 25, 18, 11, 4이므로 색칠된 좌석의 번호는 4번입니다.

2-2 ❶ 첫째 줄은 1, 7, 13, 둘째 줄은 2, 8, 14이므로 A열부터 시작하여 뒤쪽 열로 갈 때마다 좌석의 번호가 6씩 커지는 규칙입니다.
❷ 좌석의 번호가 넷째 줄은 4, 10, 16, 22, 28이므로 E열 넷째 좌석의 번호는 28번입니다.

심화 3 ❶ 33부터 시작하여 ↓ 방향으로 9씩 커지는 규칙이므로 ㉠은 51보다 9만큼 더 큰 수인 60입니다.
❷ ㉠부터 시작하여 → 방향으로 1씩 커지는 규칙이므로 60-61-62-63-64입니다.
따라서 ★에 알맞은 수는 64입니다.

3-1 ❶ 61부터 시작하여 → 방향으로 1씩 커지는 규칙이므로 ㉠=67입니다.
❷ 67부터 시작하여 ↓ 방향으로 9씩 커지는 규칙이므로 67-76-85입니다.
따라서 ■에 알맞은 수는 85입니다.

3-2 ❶ 43부터 시작하여 → 방향으로 1씩 커지고, 48부터 시작하여 ↓방향으로 10씩 커지는 규칙입니다.
❷ 색칠한 부분의 수는 44, 55, 66, 77로 색칠한 부분의 규칙은 ↘ 방향으로 11씩 커지는 규칙입니다.
❸ 2부터 시작하여 11씩 커지는 규칙으로 수를 배열하면 2-13-24-35-46-57입니다.
따라서 ▲에 알맞은 수는 57입니다.

심화 4 ❶ 반복되는 주사위를 찾아 눈의 수를 세어 보면 3, 1, 4입니다.
❷ 주사위의 눈의 수를 세어 보면 3, 1, 4가 반복되므로 여덟째에 그려진 눈은 1개, 아홉째에 그려진 눈은 4개입니다.
❸ 여덟째와 아홉째에 그려진 주사위의 눈은 모두 1+4=5(개)입니다.

4-1 ❶ 점의 수를 세어 보면 9, 7, 2가 반복되는 규칙입니다.

2 아홉째에 그려진 점: 2개, 열째에 그려진 점: 9개

3 아홉째와 열째에 그려진 점: 2+9=11(개)

4-2 **1** ◟의 수를 세어 보면 2개, 4개, 6개가 반복되는 규칙입니다.

2 여덟째에 그려진 ◟: 4개,
열째에 그려진 ◟: 2개

3 여덟째와 열째에 그려진 ◟: 4+2=6(개)

심화 5 **2** 분홍색 실내화부터 시작하여 분홍색―하늘색 실내화가 반복됩니다.

3 분홍색 실내화는 ㉠, ㉡, ㉢ 칸에 있으므로 모두 3켤레 있습니다.

5-1

1 위인전과 동화책이 한 권씩 반복되는 규칙입니다.

2 ㉠ 위인전, ㉡ 동화책, ㉢ 위인전, ㉣ 동화책이 놓입니다.

3 비어 있는 칸 중 ㉠, ㉢에 위인전을 놓아야 하므로 모두 2권입니다.

5-2 **1** 지우개, 가위, 자가 반복되는 규칙입니다.

2 규칙에 따라 물건을 놓아 보면 비어 있는 칸에는 가위가 3개, 자가 2개 있습니다.

3 가위와 자는 모두 3+2=5(개)입니다.

심화 6 **1** ○●○이 반복되는 규칙입니다.

○●○○●○○●○○●○○●○○●○○●○이므로 흰색 바둑돌은 10개가 놓입니다.

2 ○●○○●○○●○○●○○●○이므로 검은색 바둑돌은 5개가 놓입니다.

3 10>5이므로 흰색 바둑돌이 10-5=5(개) 더 많습니다.

6-1 **1** ○●●이 반복되는 규칙입니다.

2 바둑돌을 18개 늘어놓으면 ○●●○●●
○●●○●●○●●○●●이므로
흰색 바둑돌은 6개, 검은색 바둑돌은 12개입니다.

3 6<12이므로 검은색 바둑돌이 12-6=6(개) 더 많습니다.

6-2 **1** ●○○○○이 반복되는 규칙입니다.

2 바둑돌을 20개 늘어놓으면 ●○○○○
○○○●○○○○○●○○○○○●○이므로 검은색 바둑돌은 5개, 흰색 바둑돌은 15개입니다.

3 5<15이므로 검은색 바둑돌이 15-5=10(개) 더 적습니다.

130~131쪽 3단계 심화 ➕ 유형 완성

1 13	**2** 노란색	**3** 7
4 4개	**5** ＼人	**6** 4번

1 8, 0, 5, 1이 반복되는 규칙입니다.
➡ ㉠=5, ㉡=8이므로 5+8=13입니다.

2 첫째 줄: 파란색 ― 노란색 ― 노란색 ― 초록색,
둘째 줄: 노란색 ― 노란색 ― 초록색 ― 파란색,
셋째 줄: 노란색 ― 초록색 ― 파란색 ― 노란색이 반복됩니다.
➡ 빈칸에 색칠한 색은 파란색: 3번, 노란색: 6번, 초록색: 2번이므로 가장 많이 색칠한 색은 노란색입니다.

3 ●, ▲, ■, ● 모양이 반복되고 모양의 뾰족한 부분의 규칙을 수로 나타내면 0, 3, 4, 0이 반복되는 규칙이므로 ㉮는 4, ㉯는 3입니다.
➡ 4+3=7

4 ◗, ▣, ● 모양이 반복되는 규칙이므로 □ 안에 알맞은 모양은 ▣ 모양입니다.
➡ ▣ 모양이 아닌 물건은 볼링공, 풀, 음료수 캔, 야구공으로 모두 4개입니다.

5 아랍 숫자는 46-39-32-25이므로 7씩 작아지는 규칙입니다. 빈칸에 알맞은 수는 25보다 7만큼 더 작은 수인 18입니다. ➡ ＼人

6 정국: 초록색 ― 분홍색의 종이 반복됩니다.
민규: 분홍색 ― 초록색 ― 초록색의 종이 반복됩니다.
➡ 동시에 같은 색의 종을 칠 때는 3회, 4회, 5회, 9회로 모두 4번입니다.

132~133쪽 Test 단원 실력 평가

1 ▲, ▲

2 (사과 포도) (사과 포도) (사과 포도) / 사과, 포도

3 20, 8 **4** 4

5 (막대 그림) / 주황, 주황

6 ○, ●, ○

7 (왼쪽 사물함 윗줄부터) 2 / 6 / 7, 9 /
5, 8 / 3, 6

8 70 **9** 빨간색 **10**

11 예 ❶ ■, ●, ■, ▲ 모양이 반복되고 모양의
곧은 선의 규칙을 수로 나타내면 4, 0, 4, 3이
반복되므로 빈칸에 알맞은 수는 차례로 3, 4,
3입니다.
❷ 3+4+3=7+3=10 답 10

12 예 ❶ ●●○○이 반복되는 규칙입니다.
❷ 바둑돌을 12개 늘어놓으면
●●○○●●○○●●○○이므로 흰
색 바둑돌은 8개, 검은색 바둑돌은 4개입니다.
❸ 8-4=4(개) 답 4개

9 첫째 줄과 셋째 줄은 초록색-빨간색-빨간색이 반
복되는 규칙이므로 40이 쓰여진 칸에는 빨간색을
칠해야 합니다.

10 긴바늘은 모두 12를 가리키고, 짧은바늘이 가리키
는 숫자가 1씩 커지는 규칙입니다.
➡ 마지막 시계에는 12시를 나타내도록 시곗바늘
을 그립니다.

11 평가 기준
❶ 규칙을 찾고 빈칸에 알맞은 수를 모두 구함.
❷ 위 ❶에서 구한 수들의 합을 구함.

12 평가 기준
❶ 바둑돌을 늘어놓은 규칙을 찾음.
❷ 놓은 바둑돌 12개 중 흰색 바둑돌의 수와 검은색 바
둑돌의 수를 각각 구함.
❸ 위 ❷에서 구한 두 수의 차를 구함.

6 덧셈과 뺄셈 (3)

138~143쪽 1단계 기본 유형 연습

1 8, 28 **2** 19
3 47 **4** 36, 39
5 74+1 (구름) **6** (○)(　　)
  7 62장
  8 28명
9 63 **10** 50
11 70 **12** >
13 (선 잇기) **14** (위에서부터) 55, 97
  15 96명
  16 40개

17 21 **18** 52
19 　6 5
　－　4
　6 1 **20** 41, 81
  21 ㉡
22 28-1=27 **23** 32장
24 44 **25** 50
26 ㉠ **27** 32
28 76-42, 65-31에 색칠
29 (선 잇기) **30** 12
  31 24개

32 ⑴ 29, 39, 49, 59 ⑵ 46, 45, 44, 43
33 44, 54, 64 **34** 48
35 20+12=32 / 32권
36 18-11=7 / 7권
37 예 필통 / 예 29-3=26
38 (위에서부터) 30, 92 / 62-30=32
39 (선 잇기)
40 예 14+3=17 / 13+14=27 /
25-13=12 / 14-3=11
41 45, 44 / 45, 44에 색칠
42 21+38=59 / 59병
43 38-21=17 / 17병
44 25-4=21 / 21개

4 33+3=36, 36+3=39

5 74+1=75이므로 구름에 초록색을 칠합니다.

6 6+81=87, 82+4=86 ➔ 87>86

7 (수지가 모은 전체 우표의 수)
= (어제까지 모은 우표의 수)+(오늘 모은 우표의 수)
=60+2=62(장)

8 (지금 버스에 타고 있는 사람 수)
= (처음에 타고 있던 사람 수)+(더 탄 사람 수)
=25+3=28(명)

10 10개씩 묶음의 계산에서 30+20=50이므로
숫자 5가 나타내는 수는 50입니다.

12 50+15=65 ➔ 65>63

14 13+42=55, 13+84=97

15 (전체 학생 수)
= (남학생 수)+(여학생 수)
=62+34=96(명)

16 (바구니 2개에 들어 있는 귤의 수)
=20+20=40(개)

17 사탕 24개에서 3개를 먹었으므로 남은 사탕은
24-3=21(개)입니다.

19 낱개는 낱개끼리 빼야 하는데 10개씩 묶음의 수에서 낱개의 수를 뺐습니다. 낱개 4는 5와 줄을 맞추어 쓰고 계산해야 합니다.

21 ㉠ 78-5=73 ㉡ 79-2=77
➔ ㉠ 73<㉡ 77

22 초록색: 36>28이므로 더 작은 수는 28입니다.
노란색: 2>1이므로 더 작은 수는 1입니다.
➔ 28과 1의 차: 28-1=27

23 (선호가 모은 딱지의 수)-(은지가 모은 딱지의 수)
=35-3=32(장)

26 ㉡   5 8
      − 2 4
      ―――
        3 4

27 □=55-23=32

28 87-54=33, 76-42=34, 65-31=34
이므로 76-42와 65-31에 색칠합니다.

29 57-24=33, 49-15=34, 67-35=32

30 (남은 단풍잎의 수)=28-16=12(장)

31 (흰 우유의 수)-(딸기 우유의 수)
=56-32=24(개)

32 (1) 더해지는 수는 그대로이고 더하는 수가 10씩 커지면 합도 10씩 커집니다.
(2) 빼지는 수는 그대로이고 빼는 수가 1씩 커지면 차는 1씩 작아집니다.

33 57-13=44, 67-13=54, 77-13=64

참고
빼는 수는 그대로이고 빼지는 수가 10씩 커지면 차도 10씩 커집니다.

35 (초록색 책의 수)+(파란색 책의 수)
=20+12=32(권)

36 (빨간색 책의 수)-(노란색 책의 수)
=18-11=7(권)

37 사고 싶은 물건에 따라 여러 가지 뺄셈식이 만들어집니다.
• 신발: 29-11=18(장)
• 연필: 29-2=27(장)
• 책: 29-5=24(장)

38   6 2   6 2
      + 3 0   − 3 0
      ―――   ―――
        9 2 ,   3 2

39 42+24=66, 10+40=50,
75-25=50, 69-3=66

40 덧셈식은 25+14=39, 25+13=38,
25+3=28, 13+3=16,
뺄셈식은 25-14=11, 25-3=22,
14-13=1, 13-3=10이라고 써도 정답입니다.

41   3 1   8 7
      + 1 4   − 4 3
      ―――   ―――
        4 5 ,   4 4

42 (오렌지 주스의 수)+(포도 주스의 수)
=21+38=59(병)

43 (포도 주스의 수)-(오렌지 주스의 수)
=38-21=17(병)

44 (동생이 가지고 있는 구슬의 수)
= (지민이가 가지고 있는 구슬의 수)-4
=25-4=21(개)

1-1 **예** 35＋2＝37 / 24＋4＝28
1-2 **예** 46－21＝25 / 34－14＝20
2-1 65　　2-2 50　　2-3 42
3-1 (위에서부터) 2, 5
3-2 (위에서부터) 1, 2
3-3 (위에서부터) 6, 2
4-1 10, 27　　4-2 35, 58　　4-3 21, 15

1 99, 53　　　　　2 56, 36
3 28마리　　　　　4 민들레, 32송이
5 93　　　　　　　6 88, 59
7 42　　　　　　　8 ㉡

9 서준　　　　　　10 50명
11 ㉠　　　　　　　12 13
13 놀이터　　　　　14 21＋16＝37
15 65

1-1 35＋4＝39, 35＋3＝38, 24＋2＝26,
24＋3＝27, 52＋2＝54, 52＋4＝56,
52＋3＝55라고 써도 정답입니다.

1-2 46－32＝14, 46－14＝32, 15－14＝1,
34－21＝13, 34－32＝2라고 써도 정답입니다.

2-1 63＞6＞2
➡ (가장 큰 수)＋(가장 작은 수)＝63＋2＝65

2-2 70＞54＞20
➡ (가장 큰 수)－(가장 작은 수)＝70－20＝50

2-3 55＞50＞49＞13
➡ (가장 큰 수)－(가장 작은 수)＝55－13＝42

3-1 ㉡ 4
　＋ 3 ㉠
　5 9
• 낱개끼리의 계산: 4＋㉠＝9
➡ 4＋5＝9이므로 ㉠은 5입니다.
• 10개씩 묶음끼리의 계산: ㉡＋3＝5
➡ 2＋3＝5이므로 ㉡은 2입니다.

3-2 6 ㉠
＋ ㉡ 3
8 4
• 낱개끼리의 계산: ㉠＋3＝4
➡ 1＋3＝4이므로 ㉠은 1입니다.
• 10개씩 묶음끼리의 계산: 6＋㉡＝8
➡ 6＋2＝8이므로 ㉡은 2입니다.

3-3 8 ㉠
－ ㉡ 5
6 1
• 낱개끼리의 계산: ㉠－5＝1
➡ 6－5＝1이므로 ㉠은 6입니다.
• 10개씩 묶음끼리의 계산: 8－㉡＝6
➡ 8－2＝6이므로 ㉡은 2입니다.

4-1 낱개끼리의 차가 7인 두 수를 찾아서 구해 봅니다.
➡ 59－32＝27(✕), 27－10＝17(〇)

4-2 낱개끼리의 차가 3인 두 수를 찾아서 구해 봅니다.
➡ 44－11＝33(✕), 58－35＝23(〇)

4-3 낱개끼리의 합이 6인 두 수를 찾아서 구해 봅니다.
➡ 14＋32＝46(✕), 21＋15＝36(〇)

1 합: 76＋23＝99, 차: 76－23＝53

2 42＋14＝56, 56－20＝36

3 (지금 공원에 있는 비둘기의 수)
＝(처음 공원에 있던 비둘기의 수)
　＋(더 날아온 비둘기의 수)
＝26＋2＝28(마리)

5
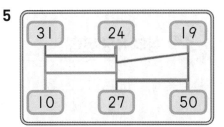
24를 사다리 타기 해서 나오는 수는 50입니다.
➡ 50＋43＝93

6 🛢: 57＋31＝88, ⚪: 55＋4＝59

7 65＋20＝85 ➡ □＝85－43＝42

8 ㉠ 20＋30＝50 ➡ 50＜60
㉡ 74－4＝70 ➡ 70＞60
㉢ 25＋31＝56 ➡ 56＜60

9 은우, 서준: 3 5　　유찬: 35＞3 ➡ 3 5
　　　　＋ 3　　　　　　　　　　　－ 3
　　　　3 8　　　　　　　　　　　3 2

10 줄을 서 있는 학생은 10명씩 9줄이므로 모두 90명
입니다.
(남학생 수)＝(전체 학생 수)－(여학생 수)
＝90－40＝50(명)

11 ㉠ 77−50=27 ㉡ 12+35=47
㉢ 49−2=47
➡ 계산 결과가 나머지와 다른 하나는 ㉠입니다.

12 41+33=74이므로 87−□=74입니다.
➡ 87−⬚13=74이므로 □=13입니다.

13 이: 75−34=41, 터: 22+16=38,
놀: 94−43=51
➡ 51(놀)>41(이)>38(터)이므로 낱말을 만들어
보면 놀이터입니다.

14 두 수의 합이 가장 크려면
(가장 큰 수)+(둘째로 큰 수)이어야 합니다.
➡ 21>16>9>5이므로 21+16=37입니다.

15 수 카드의 수의 크기 비교하기: 9>5>3
만들 수 있는 가장 큰 몇십몇: 95
만든 수보다 30만큼 더 작은 수: 95−30=65

150~155쪽 **3**단계 **심화 유형 연습**

심화 1	❶ 4 ❷ 작은에 ○표 ❸ 1, 2, 3
1-1 1, 2	1-2 1, 2, 3, 4
심화 2	❶ 10개 ❷ 창섭, 영지 ❸ 34개
2-1 30권	2-2 38장

심화 3	❶ 41개 ❷ 87개
3-1 69개	3-2 32개
심화 4	❶ □−42=12 ❷ 54 ❸ 96
4-1 68	4-2 11

심화 5	❶ 39 ❷ 34 ❸ 68
5-1 84	5-2 31
심화 6	❶ 작은에 ○표 ❷ 75, 14 ❸ 61
6-1 62	6-2 49

심화 1 ❶ 24+□=28 ➡ 24+⬚4=28이므로
□=4입니다.
❸ □ 안에는 4보다 작은 수인 1, 2, 3이 들어갈
수 있습니다.

1-1 ❶ 35+□=38 ➡ 35+⬚3=38이므로
□=3입니다.
❷ 35+□<38을 만족하려면 □ 안에는 3보다
작은 수가 들어가야 합니다.
❸ □ 안에는 3보다 작은 수인 1, 2가 들어갈 수
있습니다.

1-2 ❶ 37−□=32 ➡ 37−⬚5=32이므로
□=5입니다.
❷ 37−□>32를 만족하려면 □ 안에는 5보다
작은 수가 들어가야 합니다.
❸ □ 안에는 5보다 작은 수인 1, 2, 3, 4가 들어
갈 수 있습니다.

심화 2 ❷ 현아(10개)보다 문제를 더 많이 맞힌 어린
이는 창섭(13개)이와 영지(21개)입니다.
❸ (창섭이가 맞힌 문제 수)+(영지가 맞힌 문제 수)
=13+21=34(개)

2-1 ❶ 지수가 읽은 책 수는 9권입니다.
❷ 지수(9권)보다 책을 더 많이 읽은 어린이는
정규(10권)와 수호(20권)입니다.
❸ (정규가 읽은 책 수)+(수호가 읽은 책 수)
=10+20=30(권)

2-2 ❶ (태준이가 모은 붙임딱지 수)
=15−3=12(장)
❷ 태준(12장)보다 붙임딱지를 더 많이 모은 어
린이는 인영(23장)이와 소현(15장)입니다.
❸ (인영이가 모은 붙임딱지 수)
+(소현이가 모은 붙임딱지 수)
=23+15=38(장)

심화 3 ❶ (갈색 달걀의 수)=(흰색 달걀의 수)−5
=46−5=41(개)
❷ (전체 달걀의 수)
=(흰색 달걀의 수)+(갈색 달걀의 수)
=46+41=87(개)

3-1 ❶ (찹쌀떡의 수)=(꿀떡의 수)−7
=38−7=31(개)
❷ (전체 떡의 수)=(꿀떡의 수)+(찹쌀떡의 수)
=38+31=69(개)

3-2 **1** (형이 딴 귤의 수)=10+25=35(개)

2 (지완이와 형이 딴 귤의 수)
=10+35=45(개)

3 (남은 귤의 수)
=45-13=32(개)

심화 4 **1** 어떤 수를 □라 하면 잘못 계산한 식은
□-42=12입니다.

2 54-42=12이므로 □=54입니다.
➔ 어떤 수는 54입니다.

3 바른 계산: 54+42=96

4-1 **1** 어떤 수를 □라 하면 잘못 계산한 식은
□-24=20입니다.

2 44-24=20이므로 □=44입니다.
➔ 어떤 수는 44입니다.

3 바른 계산: 44+24=68

4-2 **1** 어떤 수를 □라 하면 잘못 계산한 식은
□+13=37입니다.

2 24+13=37이므로 □=24입니다.
➔ 어떤 수는 24입니다.

3 바른 계산: 24-13=11

심화 5 **1** ■=16+23=39

2 ▲=■-5=39-5=34

3 ●=▲+▲=34+34=68

5-1 **1** ◆=24+31=55

2 ●=◆-13=55-13=42

3 ★=●+●=42+42=84

5-2 **1** ●=75-53=22

2 ★=●+40=22+40=62

3 ♥+♥=62 ➔ 31+31=62이므로
♥=31입니다.

심화 6 **2** 수 카드의 수를 큰 수부터 순서대로 쓰면
7, 5, 4, 1입니다.
➔ 가장 큰 몇십몇: 75, 가장 작은 몇십몇: 14

3 (가장 큰 몇십몇)-(가장 작은 몇십몇)
=75-14=61

6-1 **1** 차가 가장 크게 되려면 가장 큰 수에서 가장 작은 수를 빼야 합니다.

2 수 카드의 수를 큰 수부터 순서대로 쓰면 8, 5, 3, 2이므로 가장 큰 몇십몇은 85이고, 가장 작은 몇십몇은 23입니다.

3 두 수의 차가 가장 클 때의 값은 85-23=62입니다.

6-2 **1** 합이 가장 작게 되려면 가장 작은 수와 둘째로 작은 수를 더해야 합니다.

2 수 카드의 수를 작은 수부터 순서대로 쓰면 2, 4, 5, 9이므로 가장 작은 몇십몇은 24이고, 둘째로 작은 몇십몇은 25입니다.

3 두 수의 합이 가장 작을 때의 값은 24+25=49입니다.

156~157쪽 **3**단계 심화 ➕ 유형 완성

1 4개	**2** 8살
3 50	**4** 민규
5 37개	**6** 11개

1 왼쪽 식 계산: 41+16=57
57>□8에서 □ 안에 들어갈 수 있는 수:
1, 2, 3, 4 ➔ 4개

2 (아버지의 나이)=(어머니의 나이)+4
=45+4=49(살)
(민호의 나이)=(아버지의 나이)-41
=49-41=8(살)

3 ·2+🍎=6 ➔ 2+4=6이므로 🍎=4입니다.
·🍅+1=7 ➔ 6+1=7이므로 🍅=6입니다.
따라서 □=🍅🍎-14=64-14=50입니다.

4 (원우에게 남은 색종이의 수)=48-15=33(장)
(민규에게 남은 색종이의 수)=55-20=35(장)
➔ 33<35이므로 민규의 색종이가 더 많이 남았습니다.

5 (숨겨 둔 도토리의 수)=22+45=67(개)
10개씩 묶음 3개는 30이므로 먹은 도토리의 수는 30개입니다.
따라서 다람쥐가 먹지 못한 도토리는
67-30=37(개)입니다.

6 (전체 공깃돌의 수)=35+13=48(개)
24+24=48이므로 태연이와 혜리는 공깃돌을 각각 24개씩 가지면 됩니다.
따라서 태연이는 혜리에게 35-24=11(개)를 주어야 합니다.

> **다른 풀이**
> 태연이는 혜리보다 공깃돌을 35-13=22(개) 더 많이 가지고 있습니다.
> 11+11=22이므로 태연이는 혜리에게 11개를 주어야 합니다.

158~159쪽 Test 단원 실력 평가

1 24
2
3 42
4 49
5 은우
6 20+11=31 / 31송이
7 14-4=10 / 10송이
8 (1) (위에서부터) 7, 4 (2) (위에서부터) 4, 5
9 32+17=49
10 70개   **11** 13
12 82
13 예 ❶ 큰 수부터 순서대로 쓰면 60, 51, 24, 17이므로 가장 큰 수는 60이고, 가장 작은 수는 17입니다.
❷ (가장 큰 수)+(가장 작은 수)
=60+17=77   답 77
14 예 ❶ 58-4=54
❷ 54>5□에서 □ 안에 들어갈 수 있는 수는 0, 1, 2, 3으로 모두 4개입니다.   답 4개

---

2 75-42=33, 34+23=57

3 25<67 ➡ 67-25=42

4 39+10=49

5 서준: 94-42=52, 은우: 26+23=49
➡ 52>49이므로 계산 결과가 더 작은 식을 가지고 있는 사람은 은우입니다.

6 (튤립의 수)+(국화의 수)=20+11=31(송이)

7 (장미의 수)-(백합의 수)=14-4=10(송이)

8 (1)
```
    ㉡ 2
  +   ㉠
  ─────
    7 6
```
• 2+㉠=6 ➡ ㉠=4
• ㉡=7

(2)
```
    ㉡ 8
  -   ㉠
  ─────
    4 3
```
• 8-㉠=3 ➡ ㉠=5
• ㉡=4

9 가장 큰 수와 둘째로 큰 수의 합을 구합니다.
➡ 32>17>8>6이므로 32+17=49입니다.

10 (농구공의 수)=30+10=40(개)
➡ (배구공의 수)+(농구공의 수)
=30+40=70(개)

11 23+15=38 ➡ ■=38
■-12=▲, 38-12=26 ➡ ▲=26
●+●=26 ➡ 13+13=26이므로 ●=13입니다.

12 수 카드의 수를 큰 수부터 순서대로 쓰면 8, 7, 5입니다.
➡ 가장 큰 몇십몇은 87이고, 나머지 수는 5이므로 두 수의 차는 87-5=82입니다.

13 평가 기준
❶ 가장 큰 수와 가장 작은 수를 각각 구함.
❷ 위 ❶에서 구한 두 수의 합을 구함.

14 평가 기준
❶ □가 없는 식을 계산함.
❷ □ 안에 들어갈 수 있는 수를 찾고 몇 개인지 구함.

1 100까지의 수

2~3쪽 1 단원 상위권 도전 문제

1 5쪽	**2** 9	**3** 7명
4 21번	**5** 8	**6** 4개

1 칠십이: 72, 칠십육: 76
연석이가 어제 푼 수학 문제집은 72쪽, 73쪽, 74쪽, 75쪽, 76쪽이므로 연석이는 어제 수학 문제집을 5쪽 풀었습니다.

2 전략
큰 수부터 거꾸로 세어 주어진 두 수 사이에 4개의 수가 있도록 작은 수를 구합니다.

93보다 1만큼 더 큰 수는 94이고, 94부터 수를 거꾸로 세어 쓰면
94 − 93 − 92 − 91 − 90 − 89이므로

（4개）

소윤이가 말한 수는 89입니다.
89는 10개씩 묶음 8개와 낱개 9개이므로 ◆에 알맞은 수는 9입니다.

3 100명이 한 줄로 서 있으므로 마지막 학생은 100번째이고, 뒤에서 4번째는 앞에서 97번째와 같습니다.

89번째　　　　　　97번째　100번째
(앞) … ○○○○○○○○○○○○○ (뒤)
　　태현　└── 7명 ──┘ 인성

따라서 태현이와 인성이 사이에 서 있는 학생은 모두 7명입니다.

4 • 숫자 1을 1번 쓴 수: 1, 21, 31, 41, 51, 61, 71, 81, 91, 10, 12, 13, 14, 15, 16, 17, 18, 19, 100
• 숫자 1을 2번 쓴 수: 11
➡ 숫자 1은 모두 21번 써야 합니다.

5 65 < 85 < 92
은희가 모은 우표의 수가 두 번째로 크려면 ▲7은 85보다 크고 92보다 작은 수이어야 합니다.
➡ ▲ = 8

6 전략
앞면과 뒷면에 적힌 수의 합이 9임을 이용하여 수 카드의 뒷면에 적힌 수를 먼저 구합니다.

〈앞면〉　[8]　[4]
〈뒷면〉　[1]　[5]

• 앞면의 수로만 만들 수 있는 몇십몇: 84, 48
• 뒷면의 수로만 만들 수 있는 몇십몇: 15, 51
• 앞면과 뒷면을 섞어 만들 수 있는 몇십몇:
　85, 41, 14, 58
따라서 수 카드를 한 번씩만 사용하여 만들 수 있는 몇십몇은 84, 48, 15, 51, 85, 41, 14, 58입니다.
이 중에서 홀수는 15, 51, 85, 41이므로 만들 수 있는 수 중 서로 다른 홀수는 모두 4개입니다.

참고
• 8+1=9이므로 앞면에 8이 적힌 수 카드의 뒷면에 적힌 수는 1입니다.
• 4+5=9이므로 앞면에 4가 적힌 수 카드의 뒷면에 적힌 수는 5입니다.

4~5쪽 1 단원 경시대회 예상 문제

1 35	**2** 61자루	**3** 5개
4 71	**5** 9	

1 29와 36 사이에 있는 수는 30, 31, 32, 33, 34, 35입니다.
이 중 10개씩 묶음의 수가 낱개의 수보다 작은 수는 34, 35이고, 홀수는 35입니다.

다른 풀이
29와 36 사이에 있는 수는 30, 31, 32, 33, 34, 35입니다. 이 중 홀수는 31, 33, 35이고, 10개씩 묶음의 수가 낱개의 수보다 작은 수는 35입니다.

2 영기가 가지고 있는 색연필은 57자루이고, 수현이가 가지고 있는 색연필은 64자루입니다.
어진이는 색연필을 57자루보다 많고 64자루보다 적게 가지고 있으므로 어진이가 가지고 있는 색연필의 수는 58, 59, 60, 61, 62, 63 중 하나입니다.
어진이가 가지고 있는 색연필의 낱개의 수가 1이므로 어진이는 색연필을 61자루 가지고 있습니다.

3 주사위는 1부터 6까지의 수만 적혀 있으므로 ㉠과 ㉡은 1부터 6까지의 수 중 하나입니다.
㉠+㉡=8인 경우는 (㉠, ㉡)=(2, 6), (3, 5), (4, 4), (5, 3), (6, 2)입니다.
따라서 만들 수 있는 수 중에서 ㉠과 ㉡의 합이 8인 수는 26, 35, 44, 53, 62로 모두 5개입니다.

4 • 쉰둘: 52
• 10개씩 묶음 4개와 낱개 23개:
10개씩 묶음 4+2=6(개), 낱개 3개와 같으므로 63입니다.
➜ 52 < 63
• 일흔하나: 71
• 70보다 1만큼 더 작은 수: 69
➜ 71 > 69
따라서 63<71이므로 ㉠에 알맞은 수는 71입니다.

> **참고**
> 낱개 10개는 10개씩 묶음 1개와 같습니다.
> **예** 낱개 34개 ➜ 10개씩 묶음 3개와 낱개 4개

5 〈가로 열쇠〉
① 59 바로 앞의 수이므로 58입니다.
③ 96−97−98
➜ 96과 98 사이에 있는 수는 97입니다.
⑤ 10개씩 묶음 6+1=7(개), 낱개 5개와 같으므로 75입니다.
⑦ 100 바로 앞의 수는 99입니다.
〈세로 열쇠〉
② 여든일곱: 87
④ 68 바로 뒤의 수는 69입니다.
⑥ 10개씩 묶음 5개와 낱개 9개인 수: 59
⑧ 10개씩 묶음의 수가 7이므로 7□이고, 낱개의 수는 10개씩 묶음의 수보다 2만큼 더 크므로 79입니다.
➜ 퍼즐을 완성하면 다음과 같습니다.

①5	②8		④6	
	7		③9	⑧7
				9
⑤7	⑥5			
	⑦9	9		

숫자 5는 2번, 6과 8은 1번씩, 7은 3번, 9는 4번 들어가므로 퍼즐을 완성했을 때 총 4번 쓰게 되는 숫자는 9입니다.

---

2 덧셈과 뺄셈 (1)

1 4살	2 3	3 16개
4 10	5 세찬	6 ㉣

1 (현성이의 나이)=(형의 나이)−2
　　　　　　　　=10−2=8(살)
(동생의 나이)=(현성이의 나이)−4
　　　　　　　=8−4=4(살)

> **다른 풀이** (동생의 나이)=(형의 나이)−2−4
> 　　　　　　　　　=10−2−4
> 　　　　　　　　　=8−4=4(살)

2 8을 더해서 10이 되는 수는 2이므로 ㉠=2이고, 10에서 빼어 9가 되는 수는 1이므로 ㉡=1입니다.
➜ ㉠+㉡=2+1=3

3 (오늘 팔린 바나나 우유의 수)=6−3=3(개)
(오늘 팔린 우유의 수)=6+7+3
　　　　　　　　　　=6+10=16(개)

4 1+2+3=6, 2+2+3=7, 3+2+3=8이므로 보기의 규칙은 펼친 손가락 수를 세어 더한 값을 쓰는 것입니다. 따라서 □ 안에 알맞은 수는 2+4+4=10입니다.

5 (지효의 점수)=3+7+3=10+3=13(점)
(세찬이의 점수)=5+5+5=10+5=15(점)
➜ 13<15이므로 세찬이가 이겼습니다.

6 이웃한 두 수끼리 더해서 10이 되도록 합니다.
3+7=10, 9+1=10이므로 빈 곳에 알맞은 도미노를 찾아 수를 쓰면 오른쪽과 같습니다.
따라서 빈 곳에 알맞은 도미노가 아닌 것은 ㉣입니다.

1 3개	2 3가지	3 1
4 3권	5 8, 9	6 바위

1 두 상자에 넣은 바둑돌은 모두 $10-6=4$(개)입니다.

빨간색 상자(개)	0	1	2	3	4
파란색 상자(개)	4	3	2	1	0

빨간색 상자에 넣은 바둑돌이 파란색 상자에 넣은 바둑돌보다 2개 더 많으므로 빨간색 상자에는 3개의 바둑돌을 넣었습니다.

2 두 수를 더해 10이 되는 경우는 $1+9=10$, $5+5=10$, $3+7=10$이므로 모두 3가지입니다.

3 $1+2+7=10$, $8+0+2=10$, $4+1+5=10$이므로 세 수의 합이 10이 되도록 만드는 규칙입니다.
따라서 빈 곳에 알맞은 수는 $10-3-6=1$입니다.

4 (만화책의 수)=(전체 책의 수)−(동화책과 위인전의 수)
$$=10-8=2(권)$$
(동화책의 수)=(전체 책의 수)−(위인전과 만화책의 수)
$$=10-7=3(권)$$
(위인전의 수)=(위인전과 만화책의 수)−(만화책의 수)
$$=7-2=5(권)$$
➡ $5>3>2$이므로 가장 많은 책은 가장 적은 책보다 $5-2=3$(권) 더 많습니다.

다른 풀이
(위인전의 수)=(동화책과 위인전의 수)−(동화책의 수)
$$=8-3=5(권)$$

5 $2+8+7=10+7=17$, $6+\square+4=10+\square$
$17<10+\square$에서 $17<10+1=11(×)$,
$17<10+2=12(×)$, $17<10+3=13(×)$,
$17<10+4=14(×)$, $17<10+5=15(×)$,
$17<10+6=16(×)$, $17<10+7=17(×)$,
$17<10+8=18(○)$, $17<10+9=19(○)$이므로 □ 안에 들어갈 수 있는 수는 8, 9입니다.

6 펼친 손가락 수 ➡ 가위: 2개, 바위: 0개, 보: 5개
한 사람만 졌으므로 나머지 두 사람은 같은 것을 내서 이겼습니다.
진 사람이 가위를 냈다면 이긴 사람은 바위 ➡ 세 사람이 펼친 손가락 수의 합: $2+0+0=2$(개)(×)
진 사람이 바위를 냈다면 이긴 사람은 보 ➡ 세 사람이 펼친 손가락 수의 합: $0+5+5=10$(개)(○)
진 사람이 보를 냈다면 이긴 사람은 가위 ➡ 세 사람이 펼친 손가락 수의 합: $5+2+2=9$(개)(×)
따라서 진 사람이 낸 것은 바위입니다.

---

③ 모양과 시각

10~11쪽 ③단원 상위권 도전 문제

1 ▲ 모양	**2** ● 모양, 8개	**3** 다은
4 19	**5** ©	**6** 4가지

1 ●−▲−■−▲−● 모양 순서로 놓았습니다.
따라서 네 번째로 놓은 모양은 ▲ 모양입니다.

2 가방을 꾸미는 데 이용한 모양의 수는 ■ 모양 7개, ▲ 모양 6개, ● 모양 3개입니다. ● 모양만 5개 남았으므로 처음에 가지고 있던 ● 모양은 $3+5=8$(개)입니다.
➡ $8>7>6$이므로 처음에 가장 많이 가지고 있던 모양은 ● 모양이고 8개입니다.

3 지유: 4시 30분에는 수학 공부를 해야 합니다.
지호: 8시부터 일기를 써야 합니다.
다은: 10시에는 잠을 자고 있어야 합니다.

4 ■ 모양은 뾰족한 부분이 4개, ▲ 모양은 뾰족한 부분이 3개, ● 모양은 뾰족한 부분이 없습니다.
■, ●, ■에서 $4+0+4=8$이므로
▲, ▲, ▲에서 $3+3+3=9$ ➡ ㉠$=9$,
▲, ●, ●에서 $3+0+0=3$ ➡ ㉡$=3$,
■, ▲, ●에서 $4+3+0=7$ ➡ ㉢$=7$
따라서 ㉠$+$㉡$+$㉢$=9+3+7=9+10=19$입니다.

5 ㉠ 짧은바늘이 6과 7의 가운데, 긴바늘이 6을 가리키므로 시계가 나타내는 시각은 6시 30분입니다.
㉡ 6시 30분은 7시보다 빠른 시각입니다.
㉢ 짧은바늘이 6, 긴바늘이 12를 가리키는 시각은 6시입니다.
➡ 6시 30분은 6시보다 늦은 시각입니다.

6

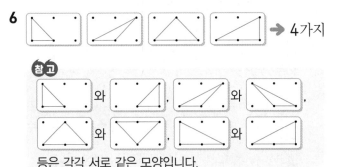

➡ 4가지

참고

등은 각각 서로 같은 모양입니다.

12~13쪽 ③단원 경시대회 예상 문제

1 시후	**2** ● 모양	**3** ㉢
4 ㉣	**5** 3명	**6** 8개

1 하린: ■ 모양 2개, ▲ 모양 l개, ● 모양 3개
도윤: ■ 모양 2개, ▲ 모양 l개, ● 모양 2개
시후: ■ 모양 2개, ▲ 모양 2개, ● 모양 2개
따라서 ■ 모양 2개, ▲ 모양 2개, ● 모양 2개를
이용하여 얼굴을 꾸민 사람은 시후입니다.

2 겹쳐진 그림은 오른쪽과
같으므로 ■ 모양 2개,
▲ 모양 l개, ● 모양
4개입니다.
따라서 개수가 가장 많은
모양은 ● 모양입니다.

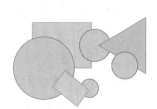

3 합이 5가 되는 연속된 두 수는 2와 3이므로 짧은바
늘은 2와 3의 가운데를 가리킵니다.
시계의 긴바늘이 6을 가리키는 시각은 몇 시 30분
이므로 2시 30분을 거울에 비추었을 때 나타나는
모양을 찾으면 ㉢입니다.

4 ㉠   ㉡   ㉢   ㉣

4개   4개   4개   5개
점선을 따라 자른 모양은 같은 크기의 ▲ 모양 4개
이므로 만들 수 없는 모양은 ㉣입니다.

5 집에 도착한 시각은 주경: 4시, 서현: 2시 30분,
승호: 6시, 규민: 3시 30분, 연지: 4시 30분입
니다.
➡ 3시와 5시 사이에 집에 도착한 사람은 주경, 규
민, 연지이므로 3명입니다.

6 ⚡이 표시된 부분을 포함하는 크고 작은 ■ 모양을
모두 찾으면

이므로 모두 8개입니다.

---

④ 덧셈과 뺄셈 (2)

14~15쪽 ④단원 상위권 도전 문제

1 4권	**2** l2명	**3** 6장
4 5명	**5** 바위	

1 (교과서와 공책의 수)=l7−9=8(권)
교과서와 공책의 수가 같고 4+4=8이므로 교과
서는 4권입니다.

2 l6명 중에서 7명이 내렸으므로 l6−7=9(명)이
되었습니다. 또 3명이 더 탔으므로 지금 버스에 타
고 있는 사람은 9+3=l2(명)입니다.

3 동물의 다리 수의 합은 4+4+4=l2(개)이고,
벚꽃과 메꽃의 꽃잎 수의 합은 5+l=6(장)입니다.
따라서 영춘화의 꽃잎 수는 l2−6=6(장)입니다.

4 사과를 산 사람은 사과만 산 사람, 사과와 배만 같이
산 사람, 사과와 감만 같이 산 사람, 사과, 배, 감을
모두 산 사람을 포함합니다.
(사과를 산 사람 수)
=(사과만 산 사람 수)
    +(사과와 배만 같이 산 사람 수)
    +(사과와 감만 같이 산 사람 수)
    +(사과, 배, 감을 모두 산 사람 수)
l2=(사과만 산 사람 수)+3+4+0,
l2=(사과만 산 사람 수)+7이고, l2=5+7이
므로 사과만 산 사람은 5명입니다.

5 가위바위보를 l번 했을 때 정아가 l2계단 위에 있
으므로 정아가 이긴 것입니다.
가위바위보의 결과를 정아, 지영으로 알아봅니다.
• (가위, 보)인 경우: 가위는 4계단 올라가고, 보는 4
계단 내려가므로 4+4=8(계단) 차이가 납니다.
• (바위, 가위)인 경우: 바위는 8계단 올라가고, 가위
는 4계단 내려가므로 8+4=l2(계단) 차이가
납니다.
• (보, 바위)인 경우: 보는 6계단 올라가고, 바위는
4계단 내려가므로 6+4=l0(계단) 차이가 납
니다.
l2계단 차이가 나는 경우를 찾으면 (바위, 가위)일
때로 정아는 바위를 냈습니다.

1 유찬	**2** 6, 7, 8, 9	**3** 지호
4 4, 12	**5** ㉢, ㉣, ㉡, ㉠	**6** 16개

1 지안: 16−8=8, 유찬: 13−4=9
➡ 8<9이므로 차가 더 큰 사람은 유찬입니다.

2 3+8=11이므로 11<6+□입니다.
11=6+□라 하면 6과 더해 11이 되는 수는 5
이므로 □=5입니다.
11<6+□에서 □ 안에는 5보다 큰 6, 7, 8, 9
가 들어갈 수 있습니다.

3 다은: 12−9=3(점) ➡ 3+4=7(점)
도윤: 12−6=6(점) ➡ 6+7=13(점)
지호: 12−2=10(점) ➡ 10+5=15(점)
따라서 15>13>7이므로 점수가 가장 높은 사람
은 지호입니다.

4 (원영이가 고른 카드의 두 수의 차)=13−7=6
유진이가 카드 2장을 고르는 경우는 (4, 6),
(4, 12), (6, 12)가 있고, 두 수의 차를 각각 구하
면 6−4=2, 12−4=8, 12−6=6입니다.
따라서 차가 6보다 큰 경우는 12−4=8이므로
유진이가 원영이보다 차가 더 크게 하려면 4, 12가
적힌 카드를 골라야 합니다.

5 ㉠ 3과 8을 모으기하면 11이 되므로 3+8=11
입니다. ➡ □=3
㉡ 12는 5와 7로 가르기할 수 있으므로
12−5=7입니다. ➡ □=5
㉢ 4와 9로 가르기할 수 있는 수는 13이므로
13−4=9입니다. ➡ □=13
㉣ 7과 9를 모으기하면 16이 되므로 7+9=16
입니다. ➡ □=9
➡ ㉢ 13>㉣ 9>㉡ 5>㉠ 3

6 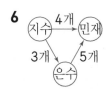 지수는 처음보다 초콜릿
4+3=7(개)가 줄었고, 민재는 처
음보다 초콜릿 4+5=9(개)가 늘
었습니다.
그런데 지수와 민재의 초콜릿의 수가 같아졌으므로
처음에 지수는 민재보다 초콜릿을 7+9=16(개)
더 많이 가지고 있었습니다.

---

5 규칙 찾기

1 7번	**2** 88	**3** 5개
4 2번	**5** 69, 78, 87, 96	**6** 10

1 ●, ▲, ■ 모양이 반복되고 있습니다.
20번째까지 나타내면
●▲■●▲■●▲■●▲■●▲■●▲■●▲
이므로 ▲모양은 모두 7번 나옵니다.

2 초록색: 52−58−64−70으로 52부터 시작하여
6씩 커지는 규칙이므로 70 다음에 76−82−⟨88⟩
에 색칠합니다.
빨간색: 53−60−67−74로 53부터 시작하여
7씩 커지는 규칙이므로 74 다음에 81−⟨88⟩에 색
칠합니다.
따라서 규칙에 따라 색칠하면 초록색과 빨간색이 모
두 칠해지는 수는 88입니다.

3 83−89−95에서 6씩 커지므로 47부터 시작하여
6씩 커지는 규칙입니다. ㉠에 들어갈 수 있는 수는
⟨47⟩−53−59−65−71−77−⟨83⟩−89
 └─────────────────┘
   ㉠에 들어갈 수 있는 수
−95로 모두 5개입니다.

4 ㉠은 첫째와 둘째 몸 동작이 반복되는 규칙이고 ㉡은
첫째, 둘째, 셋째 몸 동작이 반복되는 규칙입니다.
㉠의 다섯째는 첫째, 열째는 둘째 몸 동작과 같고
㉡의 여덟째는 둘째, 아홉째는 셋째, 열째는 첫째,
11째는 둘째 몸 동작과 같습니다.
따라서 ㉠과 ㉡에서 보기 의 몸 동작을 동시에 하는
경우는 둘째와 여덟째로 모두 2번입니다.

5 색칠한 칸에 들어갈 수는 34−43−52로 34부
터 9씩 커지는 규칙입니다.
따라서 60부터 시작하여 9씩 커지는 규칙으로 수
를 쓰면 60−69−78−87−96입니다.

6 보기 의 규칙은 펼친 손가락의 수를 세어 더한 값을
쓰는 것입니다.
➡ 1+2+3=6, 2+2+3=7, 3+2+3=8
따라서 □ 안에 알맞은 수는 2+4+4=10입니다.

20~21쪽 **5** 단원 경시대회 예상 문제

1 도윤	**2** 99	**3** 6시
4 4	**5** 4개	

1 첫째 줄: ▲, ●, ● 모양이 반복되는 규칙이므로 ㉠에는 ● 모양이 들어갑니다.
둘째 줄: ■, ●, ★ 모양이 반복되는 규칙이므로 ㉡에는 ★ 모양이 들어갑니다.
➜ 바르게 말한 사람은 도윤입니다.

2 물감이 떨어진 부분의 수는 3−15−27이므로 3부터 시작하여 12씩 커지는 규칙입니다.
➜ 규칙에 따라 나머지 부분에 색칠한 수는 39−51−63−75−87−99이므로 이 중 가장 큰 수는 99입니다.

3 시각을 차례로 나타내면 3시, 4시 30분, (셋째 시계의 시각), 7시 30분, 9시, 10시 30분, 12시입니다. 첫째, 셋째, 다섯째, 일곱째 시계의 시각은 '■시'를 나타내고, 둘째, 넷째, 여섯째 시계의 시각은 '●시 30분'을 나타내는 규칙으로 ■와 ●는 각각 3씩 커집니다.
따라서 셋째 시계가 나타내는 시각은 '■시'이고 ■는 3보다 3만큼 더 큰 수인 6이므로 6시입니다.

4 왼쪽 맨아래의 4부터 시작하여 → 방향으로 1씩 커지고, ↑ 방향으로 1씩 커지는 규칙입니다. 따라서 ㉠=6, ㉡=10이므로 두 수의 차는 10−6=4입니다.

5 ▨, ●, ▨, ● 모양이 반복되는 규칙입니다.
• 4번째까지 늘어놓을 때:
▨ 모양 1개, ● 모양 2개, ▧ 모양 1개
• 8번째까지 늘어놓을 때
▨ 모양 2개, ● 모양 4개, ▧ 모양 2개
• 12번째까지 늘어놓을 때
▨ 모양 3개, ● 모양 6개, ▧ 모양 3개
• 16번째까지 늘어놓을 때
▨ 모양 4개, ● 모양 8개, ▧ 모양 4개
따라서 ● 모양은 ▨ 모양보다 8−4=4(개) 더 많습니다.

6 덧셈과 뺄셈 (3)

22~25쪽 **6** 단원 상위권 도전 문제

1 12	**2** 3개	**3** 15개
4 57	**5** 77	
6 68쪽	**7** 71	**8** 정한, 22장
9 73	**10** 3	**11** 10

1 낱개끼리의 합이 7인 두 수를 찾으면 4와 23, 12와 45이므로 합을 구하면 4+23=27, 12+45=57입니다. 따라서 합이 57인 두 수 중에서 더 작은 수는 12입니다.

2 10+2□=33 ➜ 10+2③=33이므로 □=3
10+2□<33을 만족하려면 □ 안에는 3보다 작은 수가 들어가야 합니다. 따라서 □ 안에 들어갈 수 있는 수는 0, 1, 2로 모두 3개입니다.

참고
0과 어떤 수의 합은 어떤 수입니다.

3 (할아버지의 나이)=61+8=69(살)
큰 초와 작은 초를 합해서 가장 적게 사려면 큰 초의 수를 될 수 있는대로 많이 살 때 초의 수가 가장 적게 됩니다. 따라서 큰 초는 6개, 작은 초는 9개 사야 가장 적게 사게 되므로 초는 적어도 6+9=15(개) 사야 합니다.

4 28−14=14 ➜ 14+5=19,
37−4=33 ➜ 33+10=43,
49−37=12 ➜ 12+11=23이므로 위의 수에서 왼쪽 수를 빼고, 오른쪽 수를 더한 값이 가운데 수가 되는 규칙입니다.
따라서 56−12=44 ➜ 44+13=57입니다.

5 [2] [8] [㉮] [5] [1] [㉯]
짝수   홀수
짝수와 홀수로 나누었으므로 [2], [8], [5], [1]을 뺀 남은 수 카드 [3], [4], [6], [7], [9] 중에서 ㉮는 4 또는 6이 될 수 있고, ㉯는 3 또는 7 또는 9가 될 수 있습니다. ㉮와 ㉯가 각각 남은 수 카드 중에서 뽑을 수 있는 가장 작은 수이므로 ㉮=4, ㉯=3이 됩니다. ➜ ㉮㉯+㉯㉮=43+34=77

6 (오늘 읽은 동화책 쪽수)=16-4=12(쪽)
(어제와 오늘 읽은 동화책 쪽수)=16+12=28(쪽)
(지훈이가 읽고 있는 동화책 쪽수)=28+40=68(쪽)

7 (명호가 꺼낸 공에 적힌 두 수의 합)=52+46=98
➡ 태형이가 꺼낸 공에 적힌 두 수의 합도 98이므로
(태형이가 꺼낸 분홍색 공에 적힌 수)
=98-27=71입니다.

8 (형원이가 모은 나뭇잎의 수)=15+20=35(장)
(정한이가 모은 나뭇잎의 수)=33+24=57(장)
➡ 35<57이므로 정한이가 57-35=22(장)
더 많이 모았습니다.

9

두 수	75	74	73
	10	11	12
합	85	85	85
차	65	63	61

따라서 합이 85, 차가 61인 두 수는 12, 73이고
더 큰 수는 73입니다.

10 • ㉮는 76보다 크고 76과 ㉮ 사이에 있는 수는 모두 6개입니다.
76, 77, 78, 79, 80, 81, 82, 83이므로
㉮는 83입니다.

• ㉯는 94보다 작고 ㉯와 94 사이에 있는 수는 모두 7개입니다.
94, 93, 92, 91, 90, 89, 88, 87, 86이므로
㉯는 86입니다.

따라서 ㉯는 ㉮보다 86-83=3만큼 더 큽니다.

11 낱개끼리 계산하면 ㉡-㉢=㉢이므로 ㉡은 ㉢을 2번 더한 것과 같고 10개씩 묶음끼리 계산하면 ㉠-㉡=㉡이므로 ㉠은 ㉡을 2번 더한 것과 같습니다.
㉡-㉢=㉢에서 (㉡, ㉢)이 될 수 있는 경우는 (2, 1), (4, 2), (6, 3) (8, 4)이고,
㉠-㉡=㉡에서 (㉠, ㉡)이 될 수 있는 경우는 (2, 1), (4, 2), (6, 3), (8, 4)입니다.
따라서 (㉠, ㉡, ㉢)이 될 수 있는 경우는 (4, 2, 1), (8, 4, 2)입니다.
➡ ㉠=4, ㉢=1일 때 ㉠+㉢=4+1=5이고,
㉠=8, ㉢=2일 때 ㉠+㉢=8+2=10이므로 ㉠과 ㉢의 합 중에서 가장 큰 수는 10입니다.

1 37장	**2** 31개
3 57개	**4** 21명
5 5, 2, 3, 1	

1 (혜리가 가지고 있는 색종이의 수)
=38-5=33(장)
(소민이가 가지고 있는 색종이의 수)
=33+4=37(장)

2 봉숭아, 맨드라미, 나팔꽃의 씨앗의 수를 더하면
41+25=66, 66+30=96이므로 씨앗은 모두 96개입니다.
➡ (싹이 나지 않은 씨앗의 수)=96-65=31(개)

3 석진이가 먹거나 동생에게 준 초콜릿 수의 합은
13+22=35(개)입니다.
석진이가 처음에 가지고 있던 초콜릿의 수를 □개라고 하면 □-35=22입니다.
➡ 57-35=22이므로 석진이가 처음에 가지고 있던 초콜릿은 57개입니다.

4 전략
두 반의 학생 수의 합이 68, 차가 4가 되는 두 수를 표로 나타내어 구합니다.

두 반의 학생이 모두 68명이 되도록 표를 만들어 봅니다.

1반 학생 수(명)	34	33	32	31	⋯
2반 학생 수(명)	34	35	36	37	⋯
학생 수의 차(명)	0	2	4	6	⋯

2반 학생이 1반 학생보다 4명 더 많은 경우는 1반이 32명, 2반이 36명일 때입니다.
따라서 2반의 남학생은 36-15=21(명)입니다.

5 ㉠-㉢=2이므로 (㉠, ㉢)이 될 수 있는 경우는 (5, 3), (4, 2), (3, 1)입니다.
㉡-㉣=1이므로 (㉡, ㉣)이 될 수 있는 경우는 (5, 4), (4, 3), (3, 2), (2, 1)입니다.
이 중 ㉠>㉢>㉡>㉣을 만족하는 경우를 찾으면
(㉠, ㉢)=(5, 3)일 때 (㉡, ㉣)=(2, 1)이고,
(㉠, ㉢)=(4, 2)일 때와 (㉠, ㉢)=(3, 1)일 때는 조건에 맞는 (㉡, ㉣)이 없습니다.
따라서 ㉠=5, ㉡=2, ㉢=3, ㉣=1입니다.

경시대회 도전 문제

28~31쪽

1 12	**2** 3가지	**3** 10개
4 6개	**5** 8시	
6 2	**7** 9걸음	**8** 63
9 10개	**10** 4	

1 낱개끼리의 합이 8인 두 수를 찾으면 20과 48, 23과 45, 45와 33입니다.
20+48=68, 23+45=68, 45+33=78
이므로 합이 78인 두 수는 45, 33입니다.
→ 두 수의 차: 45−33=12

2 수 카드를 작은 수부터 순서대로 놓으면 3, 4, 5, 6입니다.
두 수의 차를 구했을 때 차가 1인 경우는
4−3=1, 5−4=1, 6−5=1일 때로 모두
3가지입니다.

3 50부터 79까지의 홀수 중에서 10개씩 묶음의 수와 낱개의 수를 바꾸어 만든 수도 홀수이려면 10개씩 묶음의 수와 낱개의 수가 모두 홀수이어야 합니다. 따라서 조건에 맞는 홀수는 51, 53, 55, 57, 59, 71, 73, 75, 77, 79로 모두 10개입니다.

4 성냥개비 3개로 ▲ 모양 1개, 성냥개비 5개로 ▲ 모양 2개, 성냥개비 7개로 ▲ 모양 3개, …를 만들 수 있으므로 ▲ 모양이 1개 늘어날 때 성냥개비는 2개 더 놓입니다.
3+2+2+2+2+2=13이므로 성냥개비를
(5번)
13개 늘어놓으면 ▲ 모양이 6개 만들어집니다.

5 천문시계의 종이 울리는 횟수는 4시에 4번, 5시에 5번, 6시에 6번, 7시에 7번이므로 7시까지 종이 울리는 횟수는 4+5+6+7=22(번)입니다.
따라서 종이 울리는 횟수의 합이 23번일 때의 시각은 8시에 종이 울리는 횟수 8번 중 첫째입니다.

6 보이는 수 카드로 만들 수 있는 가장 작은 몇십몇은 10, 둘째로 작은 몇십몇은 13입니다.
그런데 13이 셋째로 작은 몇십몇이라고 했으므로 13보다 작은 몇십몇이 하나 더 있어야 합니다. 13보다 작은 몇십몇은 11, 12이고, 이 중 서로 다른 수로 만들 수 있는 몇십몇은 12이므로 뒤집어진 수 카드에 적힌 수는 2입니다.

7 정국, 채원, 미연, 성재의 위치를 그림으로 나타내 봅니다.

따라서 채원이와 성재는 8+7−6=9(걸음) 떨어져 있습니다.

8 차가 3인 두 수를 짝 지어 보면 (1, 4), (2, 5), (3, 0), (3, 6), (4, 7), (5, 8), (6, 9)입니다.
차가 3인 몇십몇을 작은 수부터 차례로 늘어놓으면 14, 25, 30, 36, 41, 47, 52, 58, 63, 69, 74, 85, 96입니다.
→ 아홉째에 놓이는 수는 63입니다.

9 ♥가 표시된 부분을 포함하는 크고 작은 □ 모양을 찾으면 다음과 같습니다.

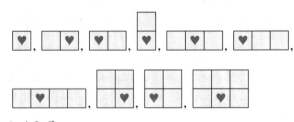

→ 10개

10 다음과 같이 수를 묶어 보면 수가 순서대로 1개씩 더 늘어나는 규칙입니다.
(1), (1, 2), (1, 2, 3), (1, 2, 3, 4),
(1, 2, 3, 4, 5), (1, 2, 3, 4, 5, 6),
(1, 2, 3, 4, 5, 6, 7)…
따라서 18번째 수는 3이고 28번째 수는 7이므로
두 수의 차는 7−3=4입니다.

친절한 말은 아주 짧기 때문에
말하기가 쉽다.

하지만 그 말의 메아리는 무궁무진하게
울려 퍼지는 법이다.

Kind words can be short and easy to speak,
but their echoes are truly endless.

테레사 수녀

친절한 말, 따뜻한 말 한마디는 누군가에게 커다란 힘이 될 수도 있어요.
나쁜 말 대신 좋은 말을 하게 되면 언젠가 나에게 보답으로 돌아온답니다.
앞으로 나쁘고 거친 말 대신 좋고 예쁜 말만 쓰기로 우리 약속해요!

정답은
이안에
있어!

앞선 생각으로
더 큰 미래를 제시하는 기업

서책형 교과서에서 디지털 교과서,
참고서를 넘어 빅데이터와 AI학습에 이르기까지
끝없는 변화와 혁신으로
대한민국 교육을 선도해 나갑니다.

milk T

닥터매쓰

geniA.

천재교육